奶牛营养调控与
粗饲料高效利用关键技术

◎ 卜登攀 等 著

中国农业科学技术出版社

图书在版编目（CIP）数据

奶牛营养调控与粗饲料高效利用关键技术 / 卜登攀等著 . —北京：
中国农业科学技术出版社，2018.12
　ISBN 978-7-5116-3692-8

　Ⅰ.①奶… 　Ⅱ.①卜… 　Ⅲ.①乳牛-家畜营养学②乳牛-粗饲料-
资源利用 　Ⅳ.①S823.9②S816.5

中国版本图书馆 CIP 数据核字（2018）第 100836 号

责任编辑　崔改泵
责任校对　李向荣

出 版 者	中国农业科学技术出版社
	北京市中关村南大街 12 号　邮编：100081
电 话	(010)82109194(编辑室)　(010)82109702(发行部)
	(010)82109709(读者服务部)
传 真	(010)82106650
网 址	http://www.castp.cn
经 销 者	各地新华书店
印 刷 者	北京富泰印刷有限责任公司
开 本	710mm×1 000mm　1/16
印 张	8.5
字 数	131 千字
版 次	2018 年 12 月第 1 版　2019 年 3 月第 2 次印刷
定 价	46.00 元

奶牛营养调控与粗饲料高效利用关键技术
著者名单

主　著　卜登攀

副主著　姚军虎　王洪荣　薛　白

　　　　马　露　金　迪　赵连生

著　者　曹阳春　王梦芝　孙海洲

　　　　杨红建　汤少勋　曲永利

　　　　张爱忠　杜　洪

前　言

奶业是我国畜牧业的重要组成部分，经过30多年的快速发展，奶牛养殖已经成为畜牧业中发展最快的产业。然而，我国奶业发展过程中的矛盾和问题依然明显，与世界奶业发达国家相比，我国奶业生产水平和养殖效益偏低，严重制约我国奶业的持续健康发展。因此，加快奶业科技创新与技术集成推广，是一项重大而紧迫的战略任务。

尽管我国饲料资源丰富，并且拥有丰富的农作物副产品等非常规饲料资源，但目前我国奶牛单产水平低，奶牛养殖业以秸秆利用为主，优质粗饲料缺乏，同时对现有饲料资源利用不合理，奶牛的遗传潜力未能得到充分的发挥。我国目前优质饲草供应不足，需要从国外进口大量的优质饲草，且我国农作物秸秆饲料利用率偏低，奶牛养殖业长期面临优质粗饲料缺乏和利用率低的局面。

本书作者针对我国不同地区、不同规模奶牛养殖技术需求，通过奶牛营养调控与粗饲料高效利用关键技术研究，建立了特定时期奶牛营养代谢参数，构建了特定时期奶牛饲养工艺与营养调控技术，形成了牛奶品质提升以及奶牛饲养低碳减排的营养调控技术，对于提高我国奶牛饲料转化率、改善瘤胃健康、提高奶牛生产性能以及乳品质量具有重要的作用，并对进一步促进我国奶牛养殖经济效益的提升和奶业健康可持续发展具有重要的指导意义，同时为生产优质、安全、健康乳制品提供了理论及技术支持。

本书的出版得到国家"十二五"科技支撑计划现代奶业发展科技工程课题"奶牛营养调控与粗饲料高效利用关键技术研究"（课题编号2012BAD12B02）经费支持。鉴于时间和水平有限，书中难免存在疏漏与不足之处，恳请读者批评指正。

著　者

2018 年 1 月

目 录

第一章　我国奶牛营养调控与粗饲料利用现状

第一节　我国奶牛养殖发展现状

奶业是我国畜牧业的重要组成部分，经过30多年的快速发展，奶牛养殖已经成为畜牧业中发展最快的产业，在国民经济中占有极为重要的地位。进入21世纪以来，我国生鲜乳生产规模不断扩大，乳制品加工能力明显增强，乳品消费稳步提高，实现了奶业的持续快速发展。2015年我国奶牛存栏量达1369万头，牛奶产量达3755万吨，居于世界第三位。但是随着奶业的快速增长，一些长期积累的矛盾和问题逐渐凸显，严重影响了产业的健康发展。我国优质饲料资源短缺、饲料转化率低和奶牛健康饲养水平低等都是我国奶牛养殖面临的现状。如我国奶牛平均单产低于6吨，乳脂肪和乳蛋白的平均含量分别为3.1%和2.8%，牛群健康状况普遍低于美国、爱尔兰等奶业发达国家。

近年来，随着我国奶业的规模化发展水平不断提升，部分牧场生产已经达到世界先进水平。然而，我国奶业发展过程中的矛盾和问题依然明显，与世界奶业发达国家相比，我国奶业生产水平和养殖效益偏低，质量安全事件时有发生，严重制约我国奶业的持续健康发展。

首先，我国引进了先进的牧场生产机械，但是生产模式没有本土化。饲养模式单一化，牧场多采用进口粗饲料作为奶牛饲料纤维来源，而导致国产牛奶成本较高，缺乏国际竞争力，对区域化粗饲料生产资源利用不充分，区域性粗饲料利用率低。其次，相比国外的生产模式，国内由于人均土地面积较少，牛奶生产相比国外更加集约化，一定程度上降低了生产与管理成本，但由于生产密度大，同时南北方纬度差异大，饲养与环境对围产期奶牛造成更大的应激。亟待我们优化围产期生产模式，研发和应用与之对应的技术手段，优化围产期奶牛健康管理，发展可持续发展牧业生产技术体系。再者，土地资源的缺乏，环境承载力有限，导致粪污处理能力较低，奶牛生产中饲养管理模式较落后，存在营养不均、饲料利用率较低、奶牛营养搭配不合理、氮磷排放量大等问题，在当代环境保护的新的需求下，奶牛生产面临新的挑战，亟待我们发展和应用系统动物营养学新技术，优化营养管理体系，系统地平衡和解决各个阶段奶牛的精准营养需求和供给问题。

因此，我国奶业发展过程中的矛盾和问题依然突出，与世界奶业发达国家相比，我国奶业生产效益和资源利用偏低，严重制约我国奶业的持续健康发展。尤其是随着我国畜牧业生产结构调整和农业生产机械化程度的不断提高，以及《中华人民共和国环境保护法》的颁布实施，我国奶业发展面临着巨大挑战，不仅暴露出了制约奶业发展的众多重大技术瓶颈问题，同时也反映出我国奶业科技的贡献率总体水平仍然不够高，突出表现为技术单一、科技成果推广集成应用仍然比较薄弱，与奶业持续健康发展对科技的需求相比仍然有很大差距。因此，加快奶业科技创新与技术集成推广是一项重大而紧迫的战略任务。

第二节　粗饲料资源利用现状

尽管我国饲料资源丰富，拥有众多的农作物副产品等非常规饲料资源，但目前我国奶牛单产水平低，奶牛养殖业以秸秆粗饲料为主，优质粗饲料缺乏，同时对现有饲料资源利用不合理，奶牛的遗传潜力未能充分的发挥。我国草原和草山、草坡等自然草场产草能力有限，饲草种植加工技术还相对落后，饲草生产的标准化、机械化、区域化和专业化程度还不高，突出表现为饲草单产低、品质差，供给能力不强，种养结合度低，导致我国目前优质饲草供不应求，需要从国外进口大量的优质饲草。农作物秸秆饲料利用率低于30%，凸显了我国奶牛养殖业将长期面临优质粗饲料缺乏和利用率低的局面。

我国奶牛日粮配方不合理导致饲料转化率低、奶牛单产低等问题已成为严重制约我国奶业发展的技术瓶颈，而粗饲料资源短缺和质量低是限制我国奶牛养殖水平的重要影响因素。现阶段我国奶牛平均饲料转化率在1.5~1.7，相对于奶业发达国家低0.1~0.3。2016年我国奶牛平均年单产为6.4吨/头，而荷兰、美国等奶业发达国家平均年单产在7.8~10吨/头。目前我国多数奶牛饲料主要依赖粮食、农作物副产品、秸秆，除少数标准化规模场外，优质禾本科牧草与豆科牧草在奶牛日粮中的使用率低。奶牛的常规饲料停留在秸秆类粗饲料（玉米秸秆、稻草与麦秸）与"三大料"（玉米、麸皮和饼粕）的简单混合上，饲料搭配不当。同时，养殖户为了提高奶牛的产奶量，盲目提高精饲料中能量、蛋白类饲料的比例，若日粮中精料含量过高，则会影响纤维素的消化和微生物蛋白的合成，导致饲料转化率低，同时引发瘤胃酸中毒等营养代谢疾病。

与美国、加拿大、以色列等国相比，我国奶业生产起步晚、起点低，奶牛的饲养水平相对较低，尤其是我国的奶牛饲养过程中存在以下问题：所采用精粗饲料类型及比例不整齐、泌乳期奶牛精料比例不适宜、粗饲料质量差、粗饲料利用不适当的问题，长期饲喂高精料饲粮或突然采食大量谷类等易于发酵的碳水化合物饲料导致瘤胃酸中毒的情况，以及大规模生产苜蓿青贮养分损失高、发酵品质和饲用价值差等问题。饲料搭配不当、日粮精粗比不合理、粗饲料开发利用技术落后，是导致饲料转化率低、奶牛单产低、引发瘤胃酸中毒等营养代谢疾病的重要原因。这些均会导致奶牛瘤胃健康受损、消化率降低、生产性能降低，甚至影响奶牛遗传潜力的发挥乃至乳成分的改变。针对我国不同规模奶牛养殖技术需求，以科学饲养、健康奶牛和安全高效为核心，围绕奶牛饲料资源的高效利用、饲料组合优化以及营养代谢调控开展研究，并通过综合技术集成与高效生产模式的研究与示范应用，实现提高奶牛单产和饲料转化率的目标。

第三节　奶牛营养调控及粗饲料利用策略

奶业是事关民族健康、事关民生的产业，也是现代畜牧业中最具活力和潜力的产业，奶业规模化发展是现代畜牧业发达程度的重要标志之一，对于优化畜牧业产业结构、促进产业升级、增加农牧民收入都具有重要的意义。目前是我国奶业开始从数量型向质量型转变的关键时期，奶业持续健康发展必须符合我国国情，走产出高效、产品安全、资源节约、环境友好的奶业现代化发展道路。提高饲料转化率是提高奶牛生产效率和效益的重要指标和关键技术途径。目前，生产单位牛奶的成本中，饲料成本占到60%。我国规模化奶牛场的数量已接近28%，随着规模化水平的推进，奶牛的年饲料消耗量将增加近40%，增加了对进口饲料的依赖。因此，通过节约饲料投入或者增加牛奶产量来提高饲料转化率已成为提高养殖效益的关键环节，从而减少对进口饲料的依赖。

经过"十一五"期间的快速发展，我国奶牛养殖进入从传统向现代升级的关键时期，奶牛营养调控与粗饲料高效利用关键技术研究课题的实施是落实《国家中长期科学和技术发展规划纲要》（2006—2020年）农业领域优先主题"开发安全优质高效饲料和规模化健康养殖技术""奶牛专用饲料、牧草种植与高效利用、疾病防治及规模化饲养管理技术"和"突破资源约束，持续提高农业综合生产能力"的重大举措。基于目前我国奶牛养殖过程中营养代谢参数匮乏、优质粗饲料不足、关键饲养管理工艺滞后、牛奶品质低、养殖环境污染等方面所面临的技术难题。在优质饲草品种选育与资源高效利用技术和模式、特定时期奶牛关键饲养工艺、低碳减排饲养技术和提升牛奶品质的营养调控技术方面取得突破，通过建立"资源节约、高效优质、环境友好"的现代农业提供技术支撑，促进奶业更好地服务于农民增收、国民膳食结构改善和社会主义新农村建设。

由于我国耕地和优质牧草资源有限，不同规模奶牛养殖技术需求以及特殊时期奶牛养殖技术难题突出。以饲料资源高效利用、奶牛健康饲养和优质安全牛奶生产为核心，围绕奶牛饲料养分高效利用、养殖环境及营养代谢调控开展研究，并通过综合技术集成与高效生产模式的研究和示范应用，有利于提高奶牛单产、饲料转化率和牛奶质量。

因此，针对我国不同地区、不同规模奶牛养殖技术需求，通过奶牛营养调控及粗饲料高效利用关键技术研究，优化日粮配方，对于提高我国奶牛饲料转化率、降低饲料成本、提高奶牛单产以及乳品质具有重要的作用，对提高我国奶牛养殖经济效益、促进我国奶业健康可持续发展具有重要的意义，同时为生产优质、安全、健康乳制品提供了有力保障。

第二章　特定时期奶牛营养代谢参数

第一节　奶牛碳水化合物平衡指数体系的构建

碳水化合物平衡指数（CBI，CBI = peNDF/RDS）是衡量瘤胃健康、瘤胃和小肠的能量效率、瘤胃和小肠的淀粉分配，整体优化胃肠道能量利用率的重要指标，国际上尚无CBI的推荐标准。围绕奶牛碳水化合物高效利用和能量代谢调控开展系列研究，以亚急性瘤胃酸中毒（SARA）为核心，分别以低物理有效中性洗涤纤维（peNDF）和高瘤胃可降解淀粉（RDS）构建SARA模型，研究不同类型SARA对瘤胃微生态、动物健康、营养物质利用和生产性能的影响，探究SARA的生理机制和缓解措施，建立了碳水化合物平衡指数（CBI，CBI = peNDF/RDS）理论和技术体系。

整合课题组在CBI构建及其与奶畜瘤胃健康、能量效率和生产性能的关系，得出下列结果：降低日粮粗饲料长度或增加日粮RDS含量均降低瘤胃pH值，但两种SARA类型在发酵模式、微生物脂肪酸组成及微生物区系均有差异，其中微生物脂肪酸能够反映瘤胃纤维分解菌及淀粉分解菌的波动。此外，本研究以保证瘤胃健康及饲料高效利用为目标，采用Meta分析方法，通过多指标优化奶牛日粮碳水化合物供应方案，获得日粮peNDF1.18、peNDF8.0及CBI（CBI1.18、CBI8.0、CBID及CBIR）的适宜范围（表2-1），完善瘤胃CBI体系，为降低SARA风险及保证奶牛高产提供理论依据。CBI体系比现有NDF/NFC评价体系更精准，且易操作，对保障奶牛瘤胃健康和高效生产具有重要指导意义。

表2-1　日粮物理有效中性洗涤纤维和碳水化合物平衡指数的推荐量

指标	推荐范围	相关参数			
		$peNDF_{1.18}$（%）	$peNDF_{8.0}$（%）	$CBI_{1.18}$	$CBI_{8.0}$
pH 值	>6.16	>27.59	>12.83	>1.42	>0.73
DMI（kg/d）	>22.4		<18.80		
乳脂率（%）	>3.20	>23.60	>12.31	>1.08	>0.70
饲料效率	1.4~1.6	24.19~35.62	10.54~27.63		

第二节　奶牛能量载体物质代谢葡萄糖体系构建

一、奶牛代谢葡萄糖体系的完善

将能量与能量载体物质代谢结合起来综合评价能量代谢规律，并通过调整日粮内的各种能量载体物质的比例对日粮能量利用率进行调控。已完成苜蓿、干草、玉米青贮、玉米秸、土豆蔓的代谢葡萄糖（MG）值的测定，建立了计算MG的回归公式：

$$MG(g/d) = POEG+BSEG = 0.09k_1 \cdot Pr+0.9k_2 \cdot BS$$

其中，POEG 指瘤胃发酵产生的丙酸转化形成的葡萄糖；BSEG 指过瘤胃淀粉提供的葡萄糖；k_1 为瘤胃内丙酸的吸收率；Pr 为饲料瘤胃发酵生成的丙酸产量（mM/d）；k_2 为过瘤胃淀粉在小肠内的吸收率；BS 为过瘤胃淀粉量（g/d）。

目前已获得几种奶牛常用粗饲料的 MG 值（g/kg）：苜蓿为 28.63，混合干草为 43.97，玉米青贮为 67.23，土豆蔓为 37.76，玉米秸秆为 33.63。几种饲料原料的丙酸产量如表2-2所示。本研究可为制定奶牛围产期和泌乳高峰期能量需要，尤其是 MG 的需要量，提高日粮能量的总体利用率提供理论和技术基础。

表 2-2 不同饲料的丙酸产量（mg/400mg 底物）

原料	丙酸浓度 （mmol/L）	实测 Pr （mmol/400mg）	预测 Pr （mmol/400mg）	Pr （mmol/kg）
玉米	8.86	0.53	0.63	1 545.36
麸皮	5.81	0.35	0.40	1 001.68
豆粕	5.80	0.35	0.39	977.26
酒糟	7.90	0.47	0.49	1 234.42
胡麻饼	7.47	0.45	0.47	1 191.90
葵粕	5.50	0.33	0.37	917.29
苜蓿	3.20	0.19	0.20	501.91
青干草	4.49	0.27	0.28	715.99
玉米青贮	6.49	0.39	0.41	1 040.57
土豆蔓	3.97	0.24	0.25	629.3
玉米秸	3.49	0.21	0.22	571.67

二、奶牛常用饲料 MG 测定

完成奶牛常用 11 种饲料按 CNCPS 体系的营养价值剖分、丙酸产量与吸收率的测定，并建立了饲料中产丙酸的营养成分（CA、$CB1$、$CB2$、PA、$PB1$、$PB2$）与瘤胃丙酸产量之间的回归方程。

精饲料：$Y = 0.0059CA + 0.0006CB1 + 0.0086CB2 - 0.02113PA + 0.0006PB1 + 0.0697$

（$R^2 = 0.9989$，n=6，$P<0.0001$）

粗饲料：$Y = 10.4858 - 0.0140CA - 0.0681CB1 - 0.0222CB2 - 0.2793PA$

（$R^2 = 0.9989$，n=5，$P<0.0001$）

系统评价了玉米不同加工方式对瘤胃降解参数和 MG 的影响，干物质降解率：膨化玉米>未处理玉米>压扁玉米>焙炒玉米>烘烤玉米，其值分别为 71.04%、51.15%、48.95%、46.63% 和 45.06%；淀粉瘤胃降解率：膨化玉米>压扁玉米>未处理玉米>焙炒玉米>烘烤玉米，其值分别为 77.89%、56.80%、47.45%、43.88% 和 39.01%。

根据丙酸产量与丙酸吸收率间的回归方程计算丙酸的吸收率，得到奶牛常用饲料代谢葡萄糖（MG）值，精饲料 MG 顺序是：玉米>酒糟>麸皮>胡麻饼>豆粕>葵粕，粗饲料 MG 顺序是玉米青贮>干草>土豆蔓>玉米秸秆>苜蓿。

不同加工方式影响饲料 MG 值。玉米加工方式影响玉米淀粉的瘤胃降解率，加工处理与未处理玉米相比，均明显降低了 MG 值。不同玉米加工产品的 MG 值由大到小：未处理玉米>烘烤玉米>焙炒玉米>压扁玉米>膨化玉米，分别为 276.03 g/kg、244.46 g/kg、211.91 g/kg、209.23 g/kg 和 159.21 g/kg。苜蓿、玉米青贮和玉米秸 3 种粗饲料组合与单一玉米青贮和玉米秸相比提高了 MG 值，产生了正组合效应。

第三节　8~10 月龄后备奶牛营养代谢参数研究

一、物理有效中性洗涤纤维（peNDF）营养代谢参数

选用 24 头 8 月龄，体重接近（305.88 kg±20.97 kg）的健康中国荷斯坦奶牛母牛，随机分为 4 组（n=6），采用单因子试验设计，分别饲喂 4 组不同 peNDF 水平的日粮。试验期共 70 d，预试期 10 d，正试期 60 d。奶牛每天饲喂 2 次（7：00 和 18：00），自由采食全混和日粮（TMR），自由饮水。使用多功能铡草机（0.4 型和 40B 型，郑州兴达机械）将试验组 4 组日粮中的粗饲料羊草分别铡成 1、3、5 和 7 cm 4 组理论长度。日粮除羊草长度外其他均无差别。4 组日粮 peNDF 水平分别为：22.73%、23.92%、25.85%、28.39%。日粮每天配制，将精料、玉米青贮和羊草混匀以 TMR 形式饲喂。参照美国 NRC（2001）标准配置产奶净能为 6.65 MJ/kg 和 CP 为 15.21% 的日粮。TMR 日粮颗粒分布情况采用 PSPS 法测定，具体操作参照 Heinrichs 的方法。

结果显示（表 2-3），TMR 中 peNDF 水平的改变不影响干物质和纤维的采食量；增加 TMR 中 peNDF 水平增加了瘤胃 pH 值，可为预防 SARA 提供帮助；适当增加 TMR 中 peNDF 水平可增加瘤胃中纤维降解菌的含量，有利于饲料的充分发酵与利用。

表 2-3 不同 peNDF 水平饲粮对奶牛 DMI、NDFI、ADFI 及
奶牛瘤胃纤维降解菌数量的影响

项目	peNDF1.18 含量				SEM	P 值
	22.73%	23.92%	25.85%	28.39%		
DMI（kg/d）	8.81	8.84	8.80	8.84	0.47	1.000
NDFI（kg/d）	3.41	3.42	3.41	3.43	0.18	1.000
ADFI（kg/d）	1.65	1.65	1.64	1.66	0.09	1.000
瘤胃主要纤维分解菌数量						
产琥珀酸丝状杆菌	1.00^c	0.21^a	0.40^b	0.46^b	0.05	0.000
黄色瘤胃球菌	1.00^a	1.46^b	1.89^c	1.38^{ab}	0.13	0.003
白色瘤胃球菌	1.00^a	1.73^b	2.36^c	1.53^{ab}	0.18	0.002
溶纤维丁酸弧菌	1.00^a	1.67^b	1.98^b	1.62^b	0.18	0.015

注：同行无字母或数据肩标相同字母表示差异不显著（$P>0.05$），不同字母表示差异显著（$P<0.05$）或差异极显著（$P<0.01$）

二、代谢葡萄糖营养代谢参数

选用 24 头平均 8 月龄、平均体重为 280 kg 的健康中国荷斯坦后备奶牛，按出生日期相近和体重一致原则分为 4 组。后备牛分组分圈饲养，保证牛舍的卫生。预试期 12 d，在预试期内每组试验牛都按其体重的 2.45%（以干物质计）饲喂代谢葡萄糖含量为 84 g/kg 的日粮进行过渡，预试期结束后，根据 NRC（2001）推荐的该阶段后备牛的营养需要，设定试验牛预期增重为 0.8~1.0 kg，配置代谢能水平为 10.04 MJ/kg，粗蛋白为 14%，代谢葡萄糖含量为 84 g/kg、100 g/kg、114 g/kg、127 g/kg 的四种日粮。采用单因素随机分组设计，试验因子为不同代谢葡萄糖日粮，共分为 4 个处理，每个处理 6 个重复，每个重复 1 头后备奶牛。试验期为 60 d。采用先粗后精的饲喂方式，每天 6：30 和 17：30 两次饲喂。

结果显示，日粮 MG 可以有效调控后备母牛生长速度（表 2-4），并在日粮 MG 水平达到 114 g/kg 时后备母牛生长速度最适宜（表 2-5），血清尿素氮最低（表 2-6），蛋白利用效率最高。

表2-4　代谢葡萄糖水平对后备奶牛体重、日采食量和日增重的影响

项目	MG 水平				SEM	P 值
	A（84 g/kg）	B（100 g/kg）	C（114g/kg）	D（127g/kg）		
初始体重（kg）	291.17	292.42	292.23	291.08	13.35	0.99
末期体重（kg）	320.58	335.17	344.58	343.13	15.42	0.41
平均日采食量（kg/d）	7.92	8.11	8.03	7.98	0.15	0.66
平均日增重（kg/d）	0.49^{Aa}	0.71^{ABb}	0.88^{Bb}	0.87^{Bb}	0.09	< 0.01

注：同行数据肩标不同小写字母表示差异显著（$P<0.05$），不同大写字母表示差异极显著（$P<0.01$），相同或无字母表示差异不显著（$P>0.05$）

表2-5　代谢葡萄糖水平对后备奶牛体尺的影响

	正饲期	试验末期
体高（cm）	115.5±2.59	122.33±1.21
	114.50±3.56	118.67±2.73
	116.17±2.48	120.33±2.42
	116.50±4.18	119.33±2.25
体斜长（cm）	133.33±3.88	139.67±3.27
	132.83±4.12	141.33±3.72
	134.50±3.62	141.5±03.27
	134.00±3.58	140.67±3.01
胸围（cm）	158.83±8.89	161.83±6.24
	159.83±2.48	162.83±5.53
	160.00±3.69	163.00±3.90
	157.83±4.31	166.33±5.99
腹围（cm）	192.83±10.03	195.50±11.08
	191.83±8.06	192.23±9.07
	197.50±3.15	196.50±9.33
	194.50±7.18	190.50±4.85
管围（cm）	17.17±0.41	17.67±0.52
	17.00±0.00	17.50±0.55
	17.50±0.55	17.83±0.41
	17.17±0.41	17.50±0.55

注：同行数据肩标不同小写字母表示差异显著（$P<0.05$），不同大写字母表示差异极显著（$P<0.01$），相同或无字母表示差异不显著（$P>0.05$）

表 2-6　代谢葡萄糖水平对后备奶牛血液指标的影响

项目	月龄	MG 水平				SEM	P 值
		A（84 g/kg）	B（100 g/kg）	C（114 g/kg）	D（127g/kg）		
尿素氮（mol/L）	8	3.78	3.50	3.73	3.92	0.25	0.44
	9	4.02^b	3.48^{ab}	2.92^a	3.70^{ab}	0.43	0.10
	10	4.10^b	3.55^{ab}	3.28^a	3.50^{ab}	0.31	0.08
胰岛素（mol/L）	8	9.33	8.90	9.40	9.18	1.33	0.98
	9	8.47^{ABab}	7.07^{Aa}	10.97^{Bb}	8.35^{ABab}	1.37	0.06
	10	8.47	10.6	10.17	10.48	1.39	0.42
葡萄糖（mol/L）	8	4.68	4.77	4.83	4.73	0.22	0.92
	9	4.54	4.68	4.62	4.77	0.14	0.44
	10	3.97^a	4.22^b	4.15^{ab}	4.18^b	0.09	0.05

注：同行数据肩标不同小写字母表示差异显著（$P<0.05$），不同大写字母表示差异极显著（$P<0.01$），相同或无字母表示差异不显著（$P>0.05$）

三、代谢蛋白需要量的研究

选取 24 头健康的 8 月龄（237 d±16 d）荷斯坦母牛，体重接近（262.90 kg± 6.22 kg），采用单因子随机分组试验设计，随机分为 4 组，每组 6 头牛。参照 NRC（2001）推荐的后备奶牛营养需要配制，产奶净能 6.31MJ/kg，日粮的 MP 水平分别为 9.03%，9.55%，10.09% 和 10.57%，MP 采用试验原料的 MP 加权值。试验期 75 d，预饲期 15 d。后备母牛自由饮水，自由采食，每周定期对牛舍进行 3 次消毒。每天早 8：00 和晚 17：00 点饲喂两次，以 TMR 形式饲喂，根据体重和试验牛剩料情况，每隔 14 d 提高饲喂量 10%。

结果显示，随着日粮代谢蛋白水平提高，日增重呈现先上升后下降的趋势，并当代谢蛋白水平为 10.09% 时，该组后备牛日增重最大（表 2-7），并能提前达到配种体重。体高、体长、腹围等体尺指标要好于其余 3 组（表 2-8）；通过瘤胃参数发现该组后备牛瘤胃发酵最能接近能氮同步释放状态，且该组后备牛的体况评分和追踪产奶量较好。综合得出，8~10 月龄后备母牛日粮最适宜代谢蛋白水平为 10.09%。

表 2-7　代谢蛋白水平对后备奶牛体重、日增重和干物质采食量的影响

项目	MP 水平				SEM	P 值
	A (9.03%)	B (9.55%)	C (10.09%)	D (10.57%)		
初始体重（kg）	262.83	261.75	262.92	262.08	1.47	0.95
末期体重（kg）	318.75	324.00	328.33	321.92	2.27	0.42
平均日采食量（kg/d）	0.93[b]	1.04[ab]	1.09[a]	1.00[ab]	0.02	0.09
平均日增重（kg/d）	8.43	8.37	8.42	8.49	0.30	0.71

注：同行数据肩标不同小写字母表示差异显著（$P<0.05$）

表 2-8　不同代谢蛋白水平饲粮对8~10月龄后备母牛生长性能的影响

项目	时期	MP 水平				SEM	P 值
		A (9.03%)	B (9.55%)	C (10.09%)	D (10.57%)		
体长	初始	130.81	130.50	130.83	130.17	0.75	0.99
(cm)	结束	133.00	137.17	138.00	132.00	0.83	0.22
体高	初始	111.38	111.53	111.23	112.05	0.64	0.98
(cm)	结束	118.88	118.63	121.33	118.50	0.70	0.46
胸围	初始	150.83	147.33	148.17	147.67	0.88	0.51
(cm)	结束	158.17	158.83	157.50	157.00	0.64	0.78
腹围	初始	172.33	169.17	174.33	173.00	1.03	0.35
(cm)	结束	180.00[B]	189.67[A]	189.00[A]	185.33[AB]	1.26	0.01

注：同行肩标不同大写字母表示差异极显著（$P<0.01$）

四、碳水化合物平衡指数需要量的研究

采用单因子随机分组设计。选用24头平均7.86月龄±0.22月龄，平均体重为251.81 kg±12.98 kg的健康中国荷斯坦后备母牛，按出生日期相近和体重一致的原则随机分为4组，每组6个重复。用peNDF与RDS的比值定义碳水化合物平衡指数（Carbohydrate Balance Index，CBI），4组分别饲喂不同CBI水平的日粮。试验期共75 d，预饲期15 d，正饲期60 d。奶牛每天饲喂两次（7：00和17：00），按照先粗后精的方式给料，自由饮水，并定期对牛舍进行消毒。使用多功能铡草机（0.4型和40B型，郑州兴达机械）将试验组的粗料羊草铡成3 cm和7 cm两种理论长度，羊草除长度不同外其他均无差别。日粮每天配制，然后按羊草、青贮玉米和精料的顺序饲喂。参照美国NRC（2001）标准配置产奶净能为6.55 MJ/kg，代

谢蛋白为 10.18% 的日粮。TMR 日粮颗粒分布情况采用 PSPS 法测定，具体操作参照 Heinrichs 的方法。

结果显示，日粮适宜 CBI 水平能提高后备母牛日增重（表 2-9），促进体尺发育（表 2-10），本试验条件下，后备母牛日粮的适宜 CBI 水平为 1.86。

表 2-9　日粮不同碳水化合物平衡指数对奶牛体重、日增重和干物质采食量的影响

项目	组别				SEM	P 值
	A	B	C	D		
开始体重（kg）	254.75	254.33	248.08	250.08	7.83	0.792
结束体重（kg）	306.42	316.67	315.25	308.67	8.79	0.534
平均日增重（kg/d）	0.86[Cc]	1.03[ABb]	1.12[Aa]	0.98[Bb]	0.02	0.000
平均日采食量（kg/d）	8.36	8.32	8.37	8.31	0.33	0.997

注：同行无字母或数据肩标相同字母表示差异不显著（$P>0.05$），不同小写字母表示差异显著（$P<0.05$），不同大写字母差表示差异极显著（$P<0.01$）

表 2-10　日粮不同碳水化合物平衡指数对奶牛体尺的影响

项目	月龄	组别				SEM	P 值
		A	B	C	D		
体高	8	112.58	111.90	113.32	113.47	1.44	0.682
（cm）	10	119.17	121.18	121.77	122.90	1.70	0.447
体长	8	128.00	127.67	128.33	128.50	1.46	0.942
（cm）	10	139.17	139.50	139.50	139.83	1.79	0.986
胸围	8	148.00	146.33	145.50	146.08	1.84	0.577
（cm）	10	158.00	162.00	160.92	160.00	1.75	0.402
腹围	8	176.50	173.00	174.67	176.67	3.18	0.628
（cm）	10	189.92[b]	194.83[ab]	200.67[a]	197.67[a]	3.24	0.038

注：同行无字母或数据肩标相同字母表示差异不显著（$P>0.05$），不同小写字母表示差异显著（$P<0.05$），不同大写字母差表示差异极显著（$P<0.01$）

五、磷水平需要的研究

选择 45 头荷斯坦后备奶牛，平均月龄为 9.3 月龄 ±0.8 月龄，试验采用单因子设计，随机分为 3 组，每组 15 头，分别接受 3 种不同的日粮处理。试

验共9周，其中1周预饲。通过改变日粮中无机磷的添加量设置3种试验日粮，分别为 HP（高磷组）、MP（中等磷组）和 LP（低磷组）。高磷组（HP）磷水平为0.42%（接近前期调研值），中磷组（MP）磷水平为0.36%（接近 NY/T 34—2004，体重250~350 kg，日增重1000 g），低磷组（LP）磷水平为0.26%（符合 NRC 2001，体重在250~350 kg，日增重1000 g）。3种日粮精粗比约为35∶65，为控制日增重，采取限饲手段，干物质采食量为体重的2.1%。试验牛采用栓系式饲养，自由饮水，每天饲喂3次（06∶30，14∶00，20∶30），先饲喂青贮玉米，再饲喂混合精料，最后饲喂羊草。

结果显示，日粮磷水平从0.42%降低到0.26%，并不会对后备奶牛生长性能产生不利影响（表2-11），但可显著降低粪尿磷的排放（表2-12）。提示在实际生产中，以谷物为基础的日粮中无需再额外添加无机磷，日粮基础磷水平即可满足后备奶牛的生长需要。

表2-11　8~10月龄后备奶牛的计算体重及体尺指标

项目	处理组			SEM	P值
	HP	MP	LP		
计算体重（kg）	289	291	297	4.86	0.52
胸围					
起始（cm）	145	146	147	2.84	0.88
结束（cm）	153	153	152	2.70	0.97
变化值（cm/d）	0.14	0.13	0.10	0.02	0.20
体长					
起始（cm）	130	129	132	2.51	0.30
结束（cm）	135	135	137	2.67	0.78
变化值（cm/d）	0.08	0.11	0.08	0.03	0.51
体高					
起始（cm）	108	109	111	2.37	0.43
结束（cm）	115	115	116	1.81	0.78
变化值（cm/d）	0.13	0.12	0.11	0.02	0.14
管围					
起始（cm）	16.3	15.9	16.0	0.31	0.42
结束（cm）	16.5	16.1	16.1	0.35	0.49
变化值（cm）	0.17	0.18	0.13	0.24	0.97

表 2-12　日粮磷水平对粗蛋白、磷、纤维的表观消化率及粪尿磷排放

项目	处理组			SEM	P 值
	HP	MP	LP		
干物质采食量（kg/d）	5.98	6.00	5.98	0.31	0.99
磷摄入量（g/d）	25.1[a]	21.6[b]	15.6[c]	1.12	<0.01
粗蛋白（%）	54.3	58.5	58.3	0.51	0.13
磷（%）	32.7	32.2	33.1	0.98	0.98
中性洗涤纤维（%）	54.7	56.6	55.4	0.58	0.76
酸性洗涤纤维（%）	52.1	52.7	50.3	0.62	0.79
粪总磷（% of DM）	0.73[a]	0.66[b]	0.47[c]	0.006	<0.01
粪水溶性磷（% of DM）	0.38[a]	0.41[a]	0.26[b]	0.005	<0.01
尿磷（g/kg）	0.62[a]	0.22[b]	0.19[b]	0.025	<0.01

注：同行肩标不同字母（a，b，c）表示差异显著（$P<0.05$）

六、日粮蛋白水平的研究

选择 36 头荷斯坦后备奶牛，平均日龄为 273 d±6.2 d，随机分为 3 组，每组 12 头。试验为单因子设计，分别接受 3 种不同的日粮处理。试验共 9 周，其中 1 周预饲，8 周正饲。通过调节日粮中蛋白能量饲料的添加比例设置 3 种试验日粮，分别为处理高蛋白组（High）、中蛋白组（Medium）和低蛋白组（Low）。High 组蛋白水平为 13.5%（接近前期调研值），Medium 组蛋白水平为 11.9%（符合 NRC 2001，体重 250~350 kg，日增重800~1 000 g），LP 组蛋白水平为 10.2%（接近中国饲养标准，NY/T 34—2004，体重 250~350 kg，日增重 800~1000 g）。3 种日粮精粗比约为 30：70，试验牛采用栓系式饲养，自由饮水，每天饲喂 3 次（06：30，14：00，20：30），先饲喂青贮玉米，再饲喂混合精料，最后饲喂羊草。

结果显示，当日粮蛋白浓度为 11.9%、代谢能为 10.30 MJ 时，可使8~10 月龄的后备奶牛日增重达到约 0.9 kg/d（表 2-13），从而实现其 13~14 月龄达到初配条件。而单纯提高日粮蛋白水平并不会提高蛋白利用效率，反而引起尿氮排放量增加（表 2-14）。

表 2-13　不同处理组后备母牛的起始日龄、体重及日增重

项目	处理组			SEM	P 值
	Low	Medium	High		
起始日龄（d）	273.1	272.9	273.2	6.15	1.00
起始体重（kg）	240.7	227.5	239.4	8.17	0.46
日增重（g/d）	799.9[b]	955.2[a]	970.3[a]	51.1	0.04

注：肩标不同字母（a，b，c）表示差异显著（$P<0.05$）

表 2-14　日粮蛋白水平对后备奶牛粪尿氮排放的影响

项目	处理组			SEM	P 值
	Low	Medium	High		
粪					
鲜重（kg/d）	13.4	13.3	13.0	0.83	0.95
干物质（kg/d）	2.05	2.09	2.05	0.14	0.97
尿（kg/d）	4.29	5.21	4.91	0.53	0.49
粪尿鲜重总量（kg/d）	17.6	18.3	17.9	1.02	0.89
氮摄入（g/d）	111.3[c]	127.2[b]	150.8[a]	2.29	<0.01
粪氮（g/d）	40.7	40.5	40.6	2.06	0.99
尿总氮（g/d）	30.8[b]	45.1[a]	50.0[a]	4.89	0.02
尿素氮（g/d）	11.0[b]	15.1[ab]	19.1[a]	2.23	0.05
N retention（g/d）	38.3[b]	41.9[b]	56.1[a]	9.10	0.13
占氮摄入的百分比（%）	35.3	32.7	37.5	6.63	0.80

注：同行肩标不同字母（a，b，c）表示差异显著（$P<0.05$）

　　总体而言，反刍动物常用饲料原料玉米、小麦麸、豆粕、进口酒糟、羊草和青贮玉米的代谢蛋白值分别为 11.63%、9.33%、21.39%、20.52%、8.15% 和 7.01%；反刍动物常见饲料原料玉米、豆粕、麸皮、羊草、青贮玉米的代谢葡萄糖值分别为 255.96 g/kg、82.20 g/kg、94.51 g/kg、44.64 g/kg、56.88 g/kg；8~10 月龄后备母牛日粮适宜的代谢葡萄糖水平为 114 g/kg；代谢蛋白水平为 10.09%；peNDF1.18 为 24.44%~29.01%；peNDF8.0 为 19.96%~23.79%；碳水化合物平衡指数为 1.86；磷含量为 0.26%；蛋白水平为 11.9%。

第四节　围产期和泌乳高峰期奶牛营养代谢参数

奶牛营养在奶牛生产中占有重要的地位。对奶牛围产期和泌乳高峰期营养需要量的研究，有助于维持奶牛健康、提高饲料利用效率并获得较理想的生产效果和经济效益。依据课题组最新研究成果并结合国内外研究进展，本项目应用 meta 分析、奶牛营养需要量评定等手段最终建立了奶牛围产期和泌乳高峰期营养需要量参数体系，并确定干物质采食量、物理有效中性洗涤纤维、碳水化合物平衡指数、代谢葡萄糖、代谢蛋白质、可吸收钙磷和阴阳离子平衡等营养需要量的推荐范围（表 2-15）。目前，国内外还未有关于奶牛围产期碳水化合物平衡指数等部分推荐的营养需要量参数的报道，本项目在该方面的研究处于国际领先地位，研究成果填补了国内外奶牛围产期和泌乳高峰期部分营养需要量参数的空白。

表 2-15　奶牛围产期和泌乳高峰期营养需要量参数推荐范围

项目	围产前期	围产后期	泌乳高峰期
DMI（kg/d）	10.1~13.7	13.5~15.6	20.3~23.6
$CBI_{8.0}$	0.83~0.95	0.63~0.83	>0.73
$CBI_{1.18}$	1.32~1.52	1.00~1.32	>1.42
$peNDF_{8.0}$（%）	16.5~19.0	12.5~16.5	12.83~18.80
$peNDF_{1.18}$（%）	26.4~30.4	20.0~26.4	27.59~35.62
MP（%）	8.3~8.5	10.7~12.2	9.2~10.2
MG（%）	6.72~7.56	11.68~13.06	10.02~10.93
可吸收 Ca（%）	0.22~0.25	0.33~0.37	0.30~0.33
可吸收 P（%）	0.15~0.20	0.17~0.21	0.18~0.20
DCAD（mEq/kg DM）	−100~−50	−150~−100	−50~100

第五节　热应激奶牛营养代谢参数

一、peNDF 的需要量参数

为研究不同水平 peNDF 日粮对热应激奶牛采食量、乳产量和乳成分的影响，选取 25 头荷斯坦奶牛，随机分为 5 个处理（n＝5），试验共 50 d，其中预饲期 14 d。日粮组成为 16.3% 的苜蓿干草，14.9% 的玉米青贮，3.6% 的羊草，10.0% 的甜菜颗粒和 55.2% 的精补料。试验期内白天平均温湿度指数（THI）高于 79，形成中等程度的热应激环境。

　　热应激条件下，日粮 peNDF 水平对奶牛的 DMI 和产奶量有显著影响，随日粮 peNDF 水平的增加，奶牛 DMI、产奶量和乳脂产量呈下降趋势，乳蛋白产量以 B 组最高，显著高于 E 组。日粮 peNDF 水平为 23.77% 时奶牛的采食量显著高于 peNDF 水平为 25.28% 时的采食量，peNDF 水平为 24.20% 时奶牛的产奶量显著高于 peNDF 水平为 25.28% 时的产奶量，热应激奶牛日粮 peNDF 水平应控制在 24.65% 以内（表 2-16）。

表 2-16　饲粮 peNDF 对奶牛采食量，乳产量和乳成分的影响

项目	A（23.77%）	B（24.20%）	C（24.28%）	D（24.65%）	E（25.28%）
各筛上物的 DM 占总 DM 的比例（%）					
上层	11.71 ± 0.11^e	14.93 ± 0.28^d	17.88 ± 0.09^c	20.27 ± 0.08^b	22.51 ± 0.20^a
中层	26.61 ± 0.31^b	26.53 ± 0.37^b	25.49 ± 0.39^c	29.85 ± 0.39^a	24.37 ± 0.58^d
下层	36.19 ± 0.38^a	34.43 ± 0.06^b	32.54 ± 0.10^c	32.41 ± 0.71^c	32.26 ± 0.71^c
底盘	25.64 ± 0.23^a	24.26 ± 0.32^b	23.97 ± 0.19^b	22.82 ± 0.48^c	20.83 ± 0.22^d
pef8.0	0.38 ± 0.003^e	0.41 ± 0.004^d	0.44 ± 0.002^c	0.45 ± 0.002^b	0.47 ± 0.005^a
pef1.18	0.75 ± 0.002^d	0.76 ± 0.003^c	0.76 ± 0.002^c	0.77 ± 0.005^b	0.79 ± 0.002^a
peNDF8.0	$12.22\pm.102^e$	$13.22\pm.120^d$	$13.91\pm.072^c$	$14.31\pm.070^b$	$14.99\pm.171^a$
peNDF1.18	$23.77\pm.073^d$	$24.20\pm.102^c$	$24.28\pm.06^c$	$24.65\pm.157^b$	$25.28\pm.070^a$
采食量（kg/d）	20.42 ± 1.67^a	19.41 ± 1.16^{ab}	19.29 ± 0.95^{ab}	19.14 ± 0.91^{ab}	18.81 ± 0.48^b
产奶量（kg/d）	18.98 ± 1.75^{ab}	20.07 ± 1.94^a	18.96 ± 1.28^{ab}	17.44 ± 1.29^b	17.02 ± 1.24^b
乳脂产量（g/d）	594.05 ± 35.22^{ab}	632.23 ± 35.52^a	649.31 ± 37.75^a	558.21 ± 50.46^{bc}	509.30 ± 48.49^c
乳蛋白产量（g/d）	572.72 ± 51.31^{bc}	646.37 ± 23.62^a	620.49 ± 53.92^a	534.54 ± 44.86^c	528.40 ± 37.32^c
乳糖产量（g/d）	894.58 ± 41.48^{ab}	961.17 ± 65.40^a	880.93 ± 54.99^{ab}	813.36 ± 65.80^{ab}	798.40 ± 50.01^b
料乳比	1.09 ± 0.08	0.97 ± 0.05	1.02 ± 0.10	1.10 ± 0.10	1.11 ± 0.07

注：同行肩标不同字母（a、b、c）表示差异显著（$P<0.05$）

二、代谢葡萄糖的需要量参数

　　奶牛的葡萄糖营养来自小肠吸收的葡萄糖和经糖异生得到的内源葡萄

糖两部分，合称代谢葡萄糖（MG）。本研究选取 16 头荷斯坦泌乳奶牛作为试验动物，随机分为 4 组（n=4），分别接受 4 个等能等氮但 MG 水平不同的日粮。4 个试验组的 MG 含量分别为：日粮 1 为 121.31 g/kg，日粮 2 为 109.70 g/kg，日粮 3 为 99.27 g/kg，日粮 4 为 89.55 g/kg。试验共计 42 d。

试验期间的 THI 平均值为 75.03，能保持奶牛处于热应激状态。奶牛的直肠温度和呼吸频率在各试验组和各时间点无差异，但全期结果显示第 2 组的直肠温度显著低于其余组，第 3 组的呼吸频率显著低于其余组。热应激奶牛对 MG 的需要量为 99.27 g/kg，即 MG 占干物质采食量的 9.93%。该水平的 MG 可使热应激奶牛有较好的采食量和产奶量，并可改善乳成分（表 2-17）。

表 2-17　日粮不同代谢葡萄糖水平对热应激奶牛生产性能的影响

项目	日粮 1	日粮 2	日粮 3	日粮 4
牛直肠温度（℃）	38.88±0.15[a]	38.51±0.21[b]	38.84±0.19[a]	38.78±0.13[a]
呼吸频率（次/分）	51.96±6.31[a]	51.29±9.69[a]	43.67±7.22[b]	51.00±10.49[a]
采食量（kg/d）	10.09±0.60[b]	10.25±0.80[b]	12.07±0.98[a]	10.49±1.01[b]
产奶量（kg/d）	12.77±1.24[b]	12.79±1.29[b]	14.03±0.63[a]	11.73±1.67[c]
乳蛋白率（%）	3.24±0.46[b]	3.33±0.18[b]	3.65±0.29[a]	3.36±0.26[b]
乳脂率（%）	4.20±0.53[b]	3.99±0.39[b]	4.76±0.23[a]	4.11±0.34[b]
乳糖率（%）	4.14±0.09[a]	3.97±0.15[b]	3.94±0.17[bc]	3.84±0.22[c]
内毒素（Eu/mL）	0.87±0.08	0.85±0.13	0.86±0.05	0.85±0.10

注：同行肩标不同字母（a，b，c）表示差异显著（$P<0.05$）

三、可吸收钙的需要量参数

通过研究日粮钙水平对热应激奶牛的生产性能和血液相关指标的影响，探讨了热应激泌乳奶牛日粮适宜的钙水平，为热应激条件下奶牛精细饲养提供科学依据。采用单因子试验设计，选取 20 头荷斯坦奶牛作为试验动物，将奶牛随机分为 4 组（n=5），分别饲喂总钙含量为 0.62%、0.72%、0.85% 和 0.97% 的日粮（干物质基础），试验期 30 d。

热应激条件下泌乳后期荷斯坦奶牛的日粮适宜钙水平为 0.85%，换算为可吸收钙需要量，则为 0.26%（表 2-18）。日粮钙水平为 0.62%、

0.72%和0.97%。这3个处理间采食量差异不显著，但显著低于0.85%处理组。日粮钙水平为0.85%组产奶量最高，比0.62%组高24%，0.97%处理组产奶量显著低于其他3个处理组。饲料转化率和乳成分方面，不同日粮钙水平间均无显著差异。血液生化指标方面，血清羟脯氨酸含量以0.62%处理组最高，其他3个处理之间差异不显著。血清碱性磷酸酶的活性随日粮钙水平的升高而升高，0.97%处理组极显著高于其他处理组。与钙水平0.62%组相比，0.72%、0.85%和0.97%组血清甲状旁腺素浓度分别降低了18%、36%和40%，骨钙素浓度分别降低4.33%、16.88%和41.13%。0.97%组降钙素浓度比0.62%、0.72%组分别上升了39%和23%。

表 2-18　日粮钙水平对奶牛泌乳性能和血液指标的影响

项目	A（0.62%）	B（0.72%）	C（0.85%）	D（0.97%）
DMI（kg/d）	10.02±0.58[bc]	9.99±0.76[bc]	10.79±1.01[a]	9.67±0.58[c]
产奶量（kg/d）	10.69±1.43[ABbc]	12.14±1.67[ABab]	13.27±1.29[Aa]	9.56±0.95[Bc]
4%标准乳产量（kg/d）	9.00±1.15[BCbc]	10.29±1.33[ABab]	11.27±1.09[Aa]	8.11±0.80[Cc]
饲料转化率（4%FCM：DMI）	0.90±0.13	1.03±0.13	1.05±0.15	0.90±0.11
乳成分（%）				
乳脂率（%）	2.95±0.12	2.99±0.08	3.00±0.12	2.99±0.13
乳蛋白率（%）	3.08±0.09	3.08±0.03	3.14±0.22	3.09±0.12
乳糖率（%）	4.92±0.14	4.90±0.10	5.00±0.32	4.94±0.17
非脂固形物（%）	8.63±0.24	8.62±0.17	8.79±0.58	8.66±0.32
钙表观消化率（%）	45.37±1.03[A]	34.85±1.16[B]	30.40±1.60[C]	20.89±1.06[D]
粪钙浓度（%）	2.12±0.14[Cd]	2.32±0.14[Cc]	2.68±0.11[Bb]	2.94±0.12[Aa]
血液指标				
血清钙（mmol/L）	2.44±0.06	2.42±0.04	2.42±0.04	2.42±0.04
血清磷（mmol/L）	1.97±0.12	1.92±0.07	1.98±0.03	1.94±0.06
血清羟脯氨酸（μg/mL）	1.87±0.06[a]	1.77±0.08[ab]	1.76±0.11[b]	1.74±0.05[b]
血清碱性磷酸酶（U/L）	54.89±1.09[Cc]	56.46±0.89[Cc]	62.01±1.67[Bb]	67.20±1.35[Aa]
甲状旁腺素（ng/L）	63.73±2.93[Aa]	52.45±1.19[Bb]	40.60±1.13[Cc]	38.45±1.45[Cc]
骨钙素（μg/L）	2.31±0.19[Aa]	2.21±0.15[Aa]	1.72±0.14[Bb]	1.36±0.11[Cc]
降钙素（ng/L）	146.16±4.43[Cc]	164.81±5.61[Bb]	196.79±6.03[Aa]	203.21±4.13[Aa]

注：a-d肩标表示差异显著（$P<0.05$），A-D肩标表示差异极显著（$P<0.01$）。4%标准乳的计算公式为：FCM＝0.4×M+15×F，其中 FCM 为4%乳脂校正量（kg），M 为非标准乳重量（kg），F 为非标准乳乳脂量（kg）

四、可吸收磷的需要量参数

通过研究日粮磷水平对热应激条件下泌乳后期奶牛的生产性能和血液相关指标的影响，探讨了在热应激状态下泌乳奶牛日粮适宜的磷水平，为热应激条件下奶牛精细饲养提供科学依据。选取 15 头荷斯坦泌乳奶牛为试验动物，将奶牛随机分为 3 组（n=5），分别饲喂磷含量为 NRC（2001）奶牛营养需要磷推荐量的 83%（磷含量 0.29%）、100%（磷含量 0.35%）、120%（磷含量 0.42%）的全混合日粮，试验期 30 d。

综合奶牛泌乳性能及血液代谢指标，热应激条件下泌乳后期荷斯坦奶牛的日粮适宜磷水平为 0.35%（干物质基础），换算为可吸收磷需要量，则为 0.14%（表 2-19）。饲粮磷水平对热应激奶牛的采食量无显著影响。对于产奶量，0.29% 组显著低于其他两个组，另外两个组间差异不显著。对于饲料转化率和乳成分，0.29% 磷水平组的乳脂率显著低于 0.35% 和 0.42% 组，但对于其他乳成分和饲料转化率，不同日粮钙水平间均无显著差异。磷表观消化率（表 2-19）随日粮磷水平的提高而极显著下降。血清无机磷含量随日粮磷水平的提高而极显著上升，血清羟脯氨酸含量以 0.29% 处理组最高，其他两个处理之间差异不显著。对于血清碱性磷酸酶的活性，0.29% 处理组显著高于其他处理组。随日粮磷水平的升高，血清甲状旁腺素和骨钙素浓度逐渐升高，降钙素逐渐降低，与 0.29% 处理组相比，0.35% 和 0.42% 处理组的血清甲状旁腺素浓度分别上升了 5.00% 和 5.69%，血清骨钙素浓度分别上升了 7.78% 和 8.89%。日粮磷水平为 0.42% 组的奶牛血清降钙素浓度比 0.29% 和 0.35% 组分别降低了 3.86% 和 1.21%，且 0.29% 和 0.35% 处理组间差异不显著。

表 2-19　日粮磷水平对奶牛干物质采食量和泌乳性能的影响

项目	A 组（0.29%）	B（0.35%）	C（0.42%）
干物质采食量（kg/d）	10.37±0.59	10.81±1.15	10.64±1.11
产奶量（kg/d）	9.93±0.71[b]	11.57±0.64[a]	11.35±0.78[a]
4% 标准乳产量（kg/d）	8.29±0.62[b]	9.94±0.66[a]	9.78±0.83[a]

（续表）

项目	A组（0.29%）	B（0.35%）	C（0.42%）
饲料转化率（4%FCM∶DMI）	0.80±0.09	0.93±0.10	0.93±0.14
乳脂率（%）	2.90±0.06[b]	3.06±0.10[a]	3.08±0.12[a]
乳蛋白率（%）	3.07±0.12	3.16±0.14	3.12±0.05
乳糖率（%）	4.66±0.17	4.71±0.19	4.77±0.19
非脂固形物（%）	8.48±0.26	8.55±0.37	8.34±0.17
磷表观消化（%）	44.19±0.86[A]	39.82±0.73[B]	32.12±1.07[C]
粪磷浓度（%）	1.43±0.07[C]	1.67±0.07[B]	1.96±0.11[A]
血液代谢指标			
血清磷（mmol/L）	1.47±0.06[C]	1.69±0.03[B]	1.88±0.06[A]
血清钙（mmol/L）	2.62±0.07	2.60±0.07	2.53±0.08
血清羟脯氨酸（μg/mL）	1.83±0.04[a]	1.78±0.03[b]	1.77±0.03[b]
血清碱性磷酸酶（U/L）	56.27±0.51[a]	53.84±0.75[b]	53.83±0.66[b]
甲状旁腺素（ng/L）	58.40±0.94[Bb]	60.49±0.99[Aa]	61.32±1.04[Aa]
骨钙素（μg/L）	1.80±0.06[Bb]	1.94±0.07[Aa]	1.96±0.05[Aa]
降钙素（ng/L）	155.38±1.37[Aa]	153.52±1.77[Aa]	149.61±1.36[Bb]

注：[a-b]肩标表示差异显著（$P<0.05$），[A-C]肩标表示差异极显著（$P<0.01$）

五、日粮适宜的阴阳离子平衡值

设置了6个不同阴阳离子平衡值的日粮，旨在研究热应激条件下不同日粮阴阳离子平衡值（DCAB）对热应激荷斯坦奶牛生理状态、生产性能和血液生化指标的影响，以探讨热应激条件下泌乳奶牛适宜的 DCAB 水平。试验选取30头泌乳中期荷斯坦奶牛，平均分为6组，分别饲喂6种等氮等能但不同 DCAB 水平的日粮。6个组 DCAB 水平分别为：A组 501.69 meq/kg DM，B组 401.58 meq/kg DM，C组 309.67 meq/kg DM，D组 211.56 meq/kg DM，E组 120.99 meq/kg DM 和 F组 31.32 meq/kg DM。试验期42 d。试验期日平均温湿度指数（THI）范围在78.16~82.96，全期 THI 平均为79.78。

由呼吸频率、乳糖率和乳蛋白率、血清皮质醇和内毒素浓度综合分析，以 C组和 D组最佳，相当于 DCAB 值在 211.56~309.67 meq/kg DM。回归法得到的热应激泌乳奶牛的最适 DCAB 值在 200~316.7 meq/kg DM 范围内（表2-20，表2-21）。

表 2-20　日粮 DCAB 对热应激奶牛的呼吸频率（次/min）的影响

时间	处理组					
	A（501.69）	B（401.58）	C（309.67）	D（211.56）	E（120.99）	F（31.32）
第 15 d	63.60±1.14[a]	60.60±0.55[b]	61.60±1.34[b]	60.60±1.14[b]	61.60±1.14[b]	59.00±1.22[c]
第 19 d	58.00±1.58[a]	56.00±0.71[b]	55.60±1.67[b]	56.20±1.30[b]	56.00±0.71[b]	56.00±0.71[b]
第 23 d	61.80±1.92	61.60±0.55	62.60±1.14	62.20±1.30	62.20±0.45	60.60±0.89
第 27 d	59.20±1.30[d]	61.80±1.79[bc]	63.60±1.52[ab]	62.80±1.10[abc]	63.80±0.84[a]	61.20±1.64[c]
第 31 d	61.00±1.22[a]	58.20±0.45[c]	58.00±1.22[c]	59.20±1.10[bc]	59.60±1.14[abc]	60.60±1.52[ab]
第 35 d	57.60±1.52[a]	55.20±1.30[b]	52.80±1.30[c]	54.60±1.67[bc]	55.00±1.73[bc]	54.60±2.07[bc]
第 39 d	56.20±1.92[d]	59.20±0.45[abc]	57.80±1.30[c]	59.80±1.10[ab]	58.60±0.55[bc]	60.60±1.14[a]

注：同行肩标不同字母表示差异显著（$P<0.05$）

当 DCAB 水平从 31.32 meg/kg DM 增至 501.69 meq/kg DM 时，热应激奶牛的采食量、产奶量、乳脂率、各乳成分产量及乳脂校正乳产量均不受影响。E 组乳蛋白率显著高于 A 组和 C 组，最高组 E 组较最低组 C 组乳蛋白率提高 7.5%。乳糖率随着 DCAB 水平的增加先升高后降低，D 组显著高于其他组。各处理组的皮质醇浓度和内毒素浓度均随 DCAB 水平的降低而先降低后增加，且 D 组最低。从全期结果来看，皮质醇浓度最低值的 D 组较最高值的 A 组降低了 16.0%。

表 2-21　日粮 DCAB 对热应激奶牛采食量和产奶量的影响

时间	处理组					
	A（501.69）	B（401.58）	C（309.67）	D（211.56）	E（120.99）	F（31.32）
采食量（kg/d）	18.77±0.38	18.91±0.45	19.16±0.34	19.19±0.18	19.13±0.56	18.92±0.43
产奶量（kg/d）	22.14±0.34	22.48±2.22	22.77±2.36	23.05±2.01	22.34±2.70	21.49±2.11
乳脂率（%）	3.55±0.22	3.50±0.16	3.44±0.19	3.58±0.34	3.68±0.29	3.76±0.26
乳蛋白率（%）	3.47±0.15[b]	3.51±0.13[b]	3.43±0.12[b]	3.56±0.08[ab]	3.67±0.10[a]	3.53±0.10[ab]
乳糖率（%）	4.73±0.18[ab]	4.79±0.09[ab]	4.79±0.09[ab]	4.87±0.13[a]	4.84±0.09[ab]	4.68±0.08[b]
料乳比	0.42±0.01	0.41±0.04	0.41±0.05	0.40±0.03	0.42±0.05	0.43±0.04
皮质醇（ng/ml）	17.69±1.31[a]	15.18±1.27[bc]	15.17±1.20[bc]	14.86±1.46[c]	15.45±1.44[bc]	16.95±0.93[ab]
内毒素（Eu/ml）	1.78±0.02[a]	1.76±0.01[b]	1.74±0.01[b]	1.72±0.01[c]	1.74±0.01[b]	1.78±0.01[a]

注：同行肩标不同字母表示差异显著（$P<0.05$）

回归分析结果（表2-22）表明，在热应激条件下，DCAB 值分别为 225 meq/kg DM 和 292.5 meq/kg DM 时，泌乳奶牛的干物质采食量和产奶量有最大值。当 DCAB 值为 316.7meq/kg DM 时，荷斯坦奶牛的乳脂率有最大值。乳蛋白率在 DCAB 为 120.99 meq/kg DM 时有最大值，当 DCAB 值为 200 meq/kg DM 时，热应激泌乳奶牛的乳糖产量达到最大。当 DCAB 值为 232 meq/kg DM 时，荷斯坦奶牛的血清皮质醇浓度有最低值。当 DCAB 水平为 250 meq/kg DM 时，奶牛的血清内毒素浓度最低。

表 2-22　热应激奶牛部分指标与日粮 DCAB（x，meq/kg）间的回归关系

考察指标（y）	回归方程（x 为日粮 DCAB）	R^2	最佳 DCAB
采食量（kg/d）	$y=-6E-06x^2+0.0027x+18.8610$	0.9217	225.0
产奶量（kg/d）	$y=-2E-05x^2+0.0117x+21.2130$	0.9030	292.5
乳糖产量（kg/d）	$y=-2E-06x^2+0.0008x+0.9888$	0.8468	200.0
乳脂率（%）	$y=3E-06x^2-0.0019x+3.8422$	0.9160	316.7
皮质醇（ng/ml）	$y=5E-05x^2-0.0232x+17.6530$	0.9371	232.0
内毒素（Eu/ml）	$y=4E-07x^2-0.0002x+0.8922$	0.9123	250.0

六、热应激奶牛对净能的需要量的研究

用综合法和回归法研究了日粮净能水平对热应激奶牛生理指标、生产性能指标和血液生化指标的影响，以期获得热应激奶牛最佳的日粮净能水平。选择 25 头泌乳中期荷斯坦奶牛，平均分为 5 组，随机饲喂 5 种不同能量水平的等氮日粮，泌乳净能（DM 基础）分别为 6.15 MJ/kg（组 1）、6.36 MJ/kg（组 2）、6.64 MJ/kg（组 3）、6.95 MJ/kg（组 4）和 7.36 MJ/kg（组 5）。试验期共 45 d。整个试验期间平均每天的 THI 变化范围为 74.5～82.6。

结果表明，热应激奶牛的维持能量需要（NEM）为 0.3712 MJ/kg$^{0.75}$，每生产 1kg 4% 的 FCM 需要日粮提供 5.01～5.03 MJ 的泌乳净能。提高日粮能量水平不影响热应激奶牛的直肠温度，但可降低其呼吸频率。除钙、磷和总能外，其他养分表观消化率均以组 1 最高，组 5 最低，差异显著或极显著（表 2-23）。

表 2-23　日粮能量水平对热应激奶牛营养物质表观消化率的影响

项目	处理				
	组 1	组 2	组 3	组 4	组 5
消化率（%）					
DM	66.25±1.61[a]	63.24±2.08[ab]	62.33±1.49[b]	65.89±1.87[a]	60.56±1.67[c]
OM	68.14±2.31[a]	67.64±2.04[ab]	65.26±1.05[b]	68.87±1.36[a]	63.78±2.14[c]
CP	70.52±2.03[a]	67.71±2.11[b]	65.68±2.04[bc]	62.11±1.89[c]	61.00±2.46[c]
NDF	63.46±0.89[a]	61.30±1.22[b]	61.03±1.68[b]	57.83±2.13[c]	50.22±1.28[d]
ADF	59.55±2.61[a]	58.18±3.12[a]	57.76±2.07[a]	57.74±1.93[a]	48.95±2.19[b]
Ca	59.58±2.03[ab]	61.60±1.72[a]	62.39±2.34[a]	64.01±2.17da	57.42±2.04[b]
P	48.85±3.01[a]	47.65±2.12[ab]	49.39±1.80[a]	50.79±2.00[a]	45.71±2.07[b]
GE	65.98±1.06[ab]	64.22±1.25[bc]	66.37±0.92[ab]	68.43±1.00[a]	62.21±1.36[c]

注：同行肩标不同字母表示差异显著（$P<0.05$）

　　试验牛采食量与日粮能量水平呈显著的负相关关系（$R^2=0.9833$，$P=0.017$），组 5 低于其他各组；随着日粮能量水平的提高，产奶量各组间差异不显著，但是，当以乳脂校正乳（FCM）表示时，产奶量增加，最高的组 4 与最低的组 1 相比，提高了 18.6%，乳脂率和乳能均在组 4 达到最大值，分别为 4.39% 和 3.15 MJ/kg，乳干物质率则随着日粮能量水平的增加而增加。乳糖率和乳蛋白率则不受日粮处理的影响（表 2-24）。随着日粮能量水平的增加，热应激奶牛消耗的氧气和呼出的二氧化碳含量增加，相应地呼吸商也增加，然而呼出甲烷的含量则减少。尿氮的含量则随着日粮能量水平的提高而减少。同样地，热应激奶牛正常采食状态下的畜体产热量也随着日粮能量水平的增加而增加。

表 2-24　日粮能量水平对热应激奶牛泌乳性能的影响

项目	组 1	组 2	组 3	组 4	组 5
直肠温度（℃）	39.23±0.32	39.22±0.20	39.23±0.36	39.16±0.26	39.36±0.37
呼吸频率（次/min）	67.14±4.78[a]	66.11±4.21[a]	64.11±4.34[bc]	62.78±5.16[c]	63.56±5.07[c]
采食量（kg/d）	21.1±0.64	20.8±0.58	20.7±0.57	20.4±0.65	19.3±0.52
产奶量（kg/d）	26.4±2.07	26.9±2.32	28.8±2.47	27.8±2.19	27.1±1.89
校正乳（kg/d）	24.7±2.14	25.4±2.66	28.6±2.85	29.3±2.46	27.8±1.15

（续表）

项目	组 1	组 2	组 3	组 4	组 5
乳脂率（%）	3.56±0.09	3.63±0.05	3.94±0.08	4.39±0.15	4.16±0.07
乳蛋白率（%）	2.99±0.07	2.98±0.08	3.04±0.16	3.11±0.12	3.06±0.14
乳糖率（%）	4.67±0.20	4.68±0.09	4.73±0.22	4.74±0.10	4.69±0.13
乳干物质（%）	11.86±1.07	12.11±0.52	12.92±0.55	13.09±0.45	13.11±0.49
乳能（MJ/kg）	2.67±0.06	2.85±0.06	2.99±0.07	3.15±0.11	3.01±0.05
血气指标					
氧气（L/W$^{0.75}$）	59.11±0.63	60.20±1.19	61.05±0.44	62.30±0.54	63.80±0.74
二氧化碳（L/W$^{0.75}$）	43.92±0.65	45.73±1.13	47.28±0.52	48.32±0.47	49.81±0.78
呼吸商	0.74±0.01	0.76±0.02	0.77±0.05	0.78±0.05	0.78±0.01
甲烷（L/W$^{0.75}$）	6.32±0.25	6.06±0.23	5.81±0.34	5.81±0.15	5.56±0.17
尿氮（g/d）	73.26±3.26	55.33±7.53	48.99±9.63	44.90±5.54	45.20±5.31
产热（MJ/d）[1]	128.54±2.81	131.97±1.89	135.01±3.54	137.81±3.47	141.26±2.74

注：同行肩标不同字母表示差异显著（$P<0.05$）；

[1]产热计算公式：$16.18 \times O_2(L/d) + 5.02 \times CO_2(L/d) - 5.99 \times UN(g/d) - 2.1 \times CH_4(L/d)$（Brouwer，1965）（UN：尿氮排泄）

总能、消化能、代谢能、泌乳净能采食量均随日粮能量水平的提高而增加。随日粮能量水平提高，粪能增加而甲烷能减少（表2-25）。总能转化为消化能（DE/GE）和总能转化为代谢能（ME/GE）的效率以及代谢能转化为乳能的净效率（kl）均不受日粮能量浓度的影响。由消化能转变成代谢能的效率（ME/DE）随日粮能量浓度的提高而增加，代谢能转化为乳能的总效率（El/ME）则与日粮能量浓度间呈抛物线性增加。泌乳净能采食量转化为乳能的效率（El/NEL intake）也呈抛物线性增加，但若将能量平衡考虑在内时（El+EB/NEL intake），各组间无差异。组4血清皮质醇浓度显著或极显著低于组1、组2和组5，血清内毒素浓度显著或极显著低于其他各组，血清葡萄糖浓度显著高于组1和组5；组1和组4血清肌酸激酶活性显著或极显著大于组2、组3和组5，其中组4与组2、组3相比分别提高了32.87%和25.40%；血清谷丙转氨酶和谷草转氨酶活性为组1>组2>组4>组3>组5。

表 2-25　日粮能量水平对热应激奶牛能量利用效率及血液指标的影响

项目	组 1	组 2	组 3	组 4	组 5
体重（$W^{0.75}$/kg）	110.8±7.92	111.1±7.31	111.6±7.67	111.5±8.79	111.4±7.04
总能采食量（MJ/d）	335.4±3.90	341.1±2.16	348.8±2.45	355.1±3.13	359.4±2.63
消化能采食量（MJ/d）	221.0±4.73	224.5±4.23	228.7±4.12	231.3±3.89	234.3±4.79
代谢能采食量（MJ/d）	185.0±5.07	190.0±5.13	194.2±5.28	197.1±4.95	200.1±4.15
粪能（MJ/d）	114.5±2.32	116.6±3.54	120.1±3.85	123.9±2.49	125.0±3.17
尿能（MJ/d）	8.5±0.17	8.5±0.26	8.9±0.29	9.5±0.30	9.6±0.21
泌乳净能采食量（MJ/d）	129.8±0.31	132.5±0.24	137.4±0.27	141.7±0.35	142.2±0.37
甲烷能[1]（MJ/d）	27.5±0.53	26.0±0.71	25.6±0.94	24.8±1.13	24.7±1.31
乳能 El（MJ/d）	70.6±3.15	76.8±2.77	86.2±2.41	87.1±2.23	81.7±3.37
能量平衡（EB）	−14.1±0.47	−18.7±0.62	−26.9±0.39	−27.9±0.52	−22.8±0.45
消化能/总能	65.88±0.83	65.82±1.09	65.56±1.15	65.13±1.10	65.21±1.25
代谢能/总能	55.15±1.06	55.70±1.39	55.68±1.48	55.49±1.39	55.67±1.69
代谢能/消化能	83.72±0.57	84.61±0.70	84.93±0.79	85.19±0.78	85.38±0.69
乳能/代谢能	38.17±0.62	40.41±0.53	44.38±0.73	44.29±0.46	40.90±0.52
kl[2]	56.53±0.47	55.92±0.53	56.09±0.43	54.89±0.51	52.42±0.49
产热/代谢能	69.51±0.39	69.49±0.42	69.63±0.49	69.89±0.56	70.72±0.61
乳能/NEL 采食量	54.43±0.38	57.94±0.34	62.61±0.55	61.69±0.52	57.54±0.47
El+EB/NEL intake	43.54±0.59	43.91±0.67	43.09±0.66	41.82±0.73	41.44±0.56
皮质醇 COR/（ng/dL）	71.24±3.24[a]	58.59±2.80[b]	41.51±3.10[cd]	39.83±2.67[d]	43.76±3.32[c]
内毒素 LPS/（EU/mL）	0.82±0.03[a]	0.77±0.06[b]	0.54±0.07[d]	0.45±0.01[e]	0.61±0.05[c]
血糖 GLU/（mmol/L）	3.70±0.07[b]	3.76±0.03[ab]	3.87±0.05[ab]	4.04±0.16[a]	3.65±0.11[b]
肌酸激酶 CK/（U/L）	211.90±9.07[a]	136.73±8.64[c]	144.87±8.42[c]	181.67±10.2[b]	138.70±7.39[c]
谷丙转氨酶 GPT/（U/L）	30.23±1.26[a]	29.33±1.07[a]	26.43±1.36[b]	27.57±1.08[ab]	23.23±1.29[c]
谷草转氨酶 GOT/（U/T）	81.90±3.28[a]	76.47±2.03[b]	73.33±3.01[bc]	76.10±1.85[b]	70.53±2.91[c]

注：同行肩标不同字母表示差异显著（$P<0.05$）；

[1] 甲烷能由公式：39.54（KJ/L）×CH_4 产量（L/d）计算；

[2] kl=（El+aEg）/（MEI−MEm）；在公式中 El 指乳能（MJ/d）；Eg 指能量平衡（MJ/d）；MEI 是代谢能采食量（MJ/d）由公式：GEI-FE-UE-Me 计算；代谢能用于维持的能量（MEm，MJ/d）由本试验回归方程得出；当 Eg<0 时，a=0.84，当 Eg>0 时 a=0.95（AFRC，1990）

　　回归分析发现，日粮能量水平与热应激奶牛的生产性能和转化率各指标间存在强回归关系（表 2-26）。综合分析表 2-26 中最后 3 个方程的回归关系得出，热应激奶牛适宜的日粮 NEL 浓度为 6.83~6.92 MJ/kg。上述的适宜值分别带入方程 4、5 和 6，最终得出本试验的结果，即本试验条件下热应激泌乳中期奶牛每生产 1 kg 4% 的 FCM 需要日粮提供 5.01~5.03 MJ 的泌乳净能。由 HP （MJ/kg$^{0.75}$）和 MEI（MJ/kg$^{0.75}$）的回归分析发现：Log（HP）=−0.4304+0.2963MEI（n=15，R^2=0.99，RMSE=0.18）。当 MEI=0 时，得出 FHP 为 0.3712 MJ/kg$^{0.75}$，即热应激泌乳奶牛的维持净能需要为 0.3712 MJ/kg$^{0.75}$。

表 2-26　显著性指标的回归分析

指标（y）[1]	x	回归方程[2]	R^2	序号
El（MJ/d）	MEI（MJ/d）	$y(0)=0.599(0.107)x-48.638(23.08)$	0.91	1
Log（HP）（MJ/kg0.75）	MEI（MJ/kg0.75）	$y=0.2963(0.017)x-0.4304(0.029)$	0.99	2
乳脂产量（g/kg）	Ether extract（g/kg）	$y=-0.011(0.004)x^2+1.601(0.59)x-16.03(18.37)$	0.93	3
DMI（kg/d）	NEL（MJ/kg）	$y=-1.12(0.46)x^2+13.78(6.27)x-21.32(21.13)$	0.97	4
NEL intake（MJ/d）	NEL（MJ/kg）	$y=-9.12(3.26)x^2+134.18(44.14)x-351.22(148.66)$	0.98	5
FCM（kg/d）	NEL intake（MJ/d）	$y=-0.0342(0.03)x^2+9.634(8.07)x-650.41(157.2)$	0.89	6
El（MJ/d）	NEL（MJ/kg）	$y=-29.37(3.91)x^2+406.53(52.91)x-1319.1(178.2)$	0.98	7
El/ME intake	NEL（MJ/kg）	$y=-0.136(0.02)x^2+1.86(0.29)x-5.93(0.98)$	0.96	8
El/NEL intake	NEL（MJ/kg）	$y=-0.178(0.02)x^2+2.435(0.32)x-7.69(1.03)$	0.97	9

注：[1] 方程中 El 指每天的乳能；HP 指代谢产热；DMI 为干物质采食量；MEI 为代谢能采食量；

[2] El（0）表示能量平衡矫正为零时的乳能输出；括号中的数值表示标准误

七、热应激奶牛对可代谢蛋白的需要量的研究

为了探索热应激奶牛对代谢蛋白（MP）的需要量，焦振辉等在热应激条件下考察了不同 MP 水平的日粮对荷斯坦奶牛的生产性能和血液生化指标的影响，为热应激奶牛的精细饲养提供科学依据。实验选取 20 头荷斯坦奶牛，随机分为 5 组，分别接受 5 个等能但 MP 水平不同的日粮，日粮 MP 含量分别为 7.70%（A 组）、8.23%（B 组）、8.72%（C 组）、9.23%（D 组）和 9.71%（E 组）。试验全期的 THI 平均值为 81.34。试验共 49 d。

综合热应激奶牛生产性能及血液代谢指标，日粮 MP 水平可用于调控热应激奶牛的生产性能。综合法得到的结果显示热应激奶牛最适 MP 需要量为干物质采食量的 8.72%（表 2-27）。回归分析结果表明，热应激奶牛

的最佳 MP 水平在 8.94%~9.07%。

表 2-27　日粮不同代谢蛋白水平对热应激奶牛生产性能及血液指标的影响

时间	日粮	日粮 B	日粮 C	日粮 D	日粮 E
采食量（kg/d）	11.05±0.70[a]	12.12±0.58[b]	13.28±0.47[d]	12.65±0.37[c]	12.63±0.19[c]
产奶量（kg/d）	12.17±0.87[a]	13.51±1.04[b]	15.00±0.52[c]	13.62±1.06[b]	13.17±0.80[ab]
乳蛋白率（%）	3.03±0.03[a]	3.05±0.04[a]	3.17±0.06[c]	3.11±0.04[b]	3.09±0.06[b]
乳脂率（%）	2.95±0.03[a]	3.07±0.06[b]	3.12±0.07[c]	3.07±0.05[b]	3.07±0.02[b]
乳糖率（%）	4.81±0.07[a]	4.90±0.11[ab]	5.13±0.23[c]	4.99±0.15[b]	4.99±0.18[b]
总蛋白产量（g/L）	62.55±0.54[a]	65.75±0.52[b]	74.30±0.22[d]	73.22±0.35[c]	75.15±0.58[e]
尿素氮（mmol/L）	3.46±0.11[a]	5.66±0.14[c]	4.79±0.08[b]	6.34±0.07[d]	7.02±0.28[e]
皮质醇（ng/mL）	2.71±19.44[b]	2.55±13.96[a]	2.35±8.77[a]	2.35±6.47[a]	2.36±8.02[a]
内毒素（Eu/mL）	0.93±0.11	0.94±0.13	0.92±0.13	0.94±0.09	0.93±0.04

注：肩标不同字母表示差异显著（$P<0.05$）

本研究得到了奶牛生产性能指标（y）与日粮 MP 水平（x）的回归关系（表 2-28），由这些回归关系可以得出不同标识下的最佳 MP 值。

表 2-28　热应激奶牛 MP 水平（x）与生产性能（y）间的回归关系

项目（y）	方程	R^2	最佳 MP 值
采食量（kg/d）	$y=-1.1098x^2+20.064x-77.653$	0.8842	当 $x=9.04$，$y=13.03$ 最大
产奶量（kg/d）	$y=-3.0051x^2+54.531x-229.30$	0.8996	当 $x=9.07$，$y=18.08$ 最大
乳糖率（%）	$y=-0.1466x^2+2.6405x-6.8400$	0.6389	当 $x=9.01$，$y=5.04$ 最大
乳脂率（%）	$y=-0.1049x^2+1.8759x-5.2731$	0.8975	当 $x=8.94$，$y=3.11$ 最大
乳蛋白率（%）	$y=-0.0724x^2+1.3018x-2.7167$	0.6738	当 $x=8.99$，$y=3.14$ 最大

八、热应激奶牛日粮适宜的碳水化合物平衡指数

碳水化合物是奶牛日粮的重要组成部分，可占日粮干物质的 60%。奶牛日粮的碳水化合物可分为结构性和非结构性的碳水化合物，它们都是奶牛的必要养分，任何一方的消长都会影响奶牛的生产成绩和健康，因此，二者需要一个合理的平衡值。衡量二者间平衡的参数有很多，本研究采用日粮 peNDF 含量与瘤胃可降解淀粉（RDS）含量间的比值为衡量碳水化合物平衡指数（CBI）的指标，用公式表示为：CBI = peNDF/RDS。本研究选

取 25 头荷斯坦奶牛，随机分为 5 个组，分别接受 5 种日粮处理。5 种日粮除 CBI 值不同外，其余养分含量一致。日粮 CBI 值从 1.33 至 3.79，分别标记为 CBI-1.33、CBI-1.62、CBI-1.94、CBI-2.60、以及 CBI-3.79。

日粮 CBI 值从 1.33 升至 2.60 并不影响直肠温度。从整个试验期看，CBI-3.79 组奶牛的肛温和呼吸频率高于 CBI-1.33、CBI-1.62 和 CBI-1.94 组。随日粮 CBI 水平降低，奶产量、乳脂校正奶（FCM）产量和 DM 采食量（DMI）上升，但乳脂率和乳蛋白率下降（表 2-29）。乳干物质含量、乳糖含量和饲料转化效率（DMI/奶产量）不受 CBI 影响。日粮 CBI 值与下列指标间存在很强的回归关系（表 2-30）：①DMI；②奶产量；③FCM产量；④乳脂率；⑤乳蛋白率；⑥肛温；⑦呼吸频率。根据回归关系，为使 DMI、奶产量、FCM 产量、乳脂率、乳蛋白率达到最大值，日粮最佳 CBI 应分别为 1.58、1.49、1.70、1.27 和 1.07。肛温和呼吸频率最高时的日粮 CBI 值分别为 3.63 和 3.64，最低时的 CBI 值则分别为 1.61 和 1.34。因此，热应激奶牛日粮最适 CBI 为 1.07~1.70。

表 2-29　日粮 CBI 水平对热应激奶牛生产性能的影响

项目	处理[1]				
	CBI-3.79	CBI-2.60	CBI-1.94	CBI-1.62	CBI-1.33
DMI（kg/d）	16.91[a]	18.67[b]	19.21[b]	19.56[bc]	20.36[c]
肛温（℃）	39.83[a]	39.76[ab]	39.72[b]	39.67[b]	39.71[b]
呼吸频率（min）	71.46[a]	70.47[ab]	67.67[b]	66.05[b]	66.53[b]
产奶量（kg/d）	15.23[a]	17.34[b]	18.28[b]	18.85[bc]	19.52[c]
FCM 产量（kg/d）	14.04[a]	15.57[b]	16.20[b]	16.45[bc]	16.77[c]
乳成分					
乳脂率（%）	3.48[a]	3.32[b]	3.24[bc]	3.15[c]	3.06[cd]
乳蛋白率（%）	3.26[a]	3.25[a]	3.16[ab]	3.11[b]	3.02[c]
乳糖率（%）	4.85	4.76	4.68	4.79	4.83
总固形物（%）	12.66[a]	12.34[ab]	12.26[b]	12.15[b]	11.76[c]
DMI/奶产量（kg/kg）	1.11	1.08	1.05	1.04	1.04

注：肩标不同字母（a, b, c）表示差异显著（$P<0.05$）；

[1]奶牛饲喂 5 种等氮（CP = 14.6%）等能（NEL = 6.30）日粮，日粮 CBI 为 1.33，1.62，1.94，2.60，3.79

表 2-30　日粮 CBI 与热应激奶牛生产性能指标和生理指标间的回归关系

指标（y）	回归方程（x 为 CBI）	R^2
DMI（kg/d）	$y = 0.4624x^3 - 3.8574x^2 + 8.6881x + 13.9251$	0.9376
产奶量（kg/d）	$y = 0.6273x^3 - 4.9572x^2 + 10.5605x + 12.2704$	0.9608
FCM yield（kg/d）	$y = 0.5253x^3 - 4.3528x^2 + 10.23x + 9.2082$	0.9261
乳脂肪率（%）	$y = -0.0105x^3 + 0.0209x^2 + 0.2842x + 2.6721$	0.9992
乳蛋白率（%）	$y = 0.0117x^3 - 0.1586x^2 + 0.6597x + 2.3987$	0.9964
直肠温度（℃）	$y = -0.0335x^3 + 0.2632x^2 - 0.5863x + 40.097$	0.9609
呼吸频率（min）	$y = -0.9243x^3 + 6.9075x^2 - 13.555x + 74.353$	0.9838

第三章　特定时期奶牛饲养工艺与营养调控技术

第一节　奶牛围产期和泌乳高峰期精细化饲养工艺

与标准化和规模化相配套的奶牛精细化饲养工艺对奶牛健康和高效生产至关重要。围产期和泌乳高峰期是奶牛生产中最重要的两个环节。课题组围绕奶牛围产期和泌乳高峰期精细化饲养工艺开展一系列系统研究，并在大型奶牛养殖企业进行中试推广。

一、围产前期饲养工艺规范

1. 产前 3 周为围产前期，围产牛单独饲养，经产围产牛和青年围产牛分开饲养。

2. 围产前期奶牛自由散栏式饲养模式，牛舍存栏为有效颈夹的 85%。

3. 经产、围产奶牛每天饲喂 2 次，青年围产奶牛每天饲喂 3 次。

4. 全部 TMR 日粮饲喂，自动记录每种原料的投料量，误差控制在 5% 以内，每天分析异常数据。

5. 围产奶牛要求全天不空槽，追求干物质采食量最大化，剩料率控制在 3%~5%，每天清槽一次，上午进行。每天有专人巡舍查看，并且根据剩料情况，随时调整当天的送料量。

6. 每天抽查一个围产舍 TMR 日粮搅拌均匀度，并通过感官和滨州筛数据评估 TMR 日粮制作的质量情况，要求滨州筛第一层 18%~28%。

7. 每天推料 10 次，每头牛随时能够采食到新鲜饲料。

8. 有犊牛处每小时巡舍一次，进行产犊征兆检查。

9. 水槽每周清洗 2 次。

10. 卧床每周疏松两次，每周添加一次垫料，刮粪机自动开启。

11. 实行 8 h 强光照+16 h 弱光照制度，全年不变。强光照要求 200 lx，弱光照以不影响奶牛采食量为标准。

12. 利用课题组开发的奶牛电子体况评分软件，实时监测奶牛体况变化，每周 1 次，并根据体况评分调整牛群饲料配方，保证围产期奶牛合理体况，避免奶牛产后脂肪消耗过度，影响奶牛健康。

二、围产后期饲养工艺规范

1. 围产后期，经产围产后期根据奶牛健康和采食量情况，灵活掌握，一般产后 2 周，头胎围产后期 3 周。

2. 围产后期奶牛自由散栏式饲养模式，牛舍存栏为有效颈夹的 85%。

3. 泌乳牛每天饲喂 3 次，根据挤奶时间送料。

4. 进口立式搅拌机生产高峰期奶牛 TMR 日粮，自动记录每种原料的投料量，误差控制在 5%以内，每天分析异常数据。精料比如豆粕、棉粕、玉米、预混料等各原料自动传送，进口苜蓿、青贮等粗饲料通过人工装载机上料。

5. 围产后期奶牛要求全天不空槽，追求干物质采食量最大化，剩料率控制在 3%~5%，每天清槽一次，上午进行。每天有专人巡舍查看，并且根据剩料情况，随时调整当天的送料量。

6. 每天抽查一个高产舍 TMR 日粮搅拌均匀度，并通过感官和滨州筛数据评估 TMR 日粮制作的质量情况，要求滨州筛第一层 8%~12%，第一层和第二层之和在 35%~50%。

7. 每天推料 10 次，保证每头高峰期奶牛随时能够采食到新鲜饲料。

8. 水槽每周清洗 3 次。

9. 卧床每天疏松 2 次，2 d 添加 1 次垫料，刮粪机自动开启。

10. 实行 16 h 强光照+8 h 弱光照制度，全年不变。强光照要求 200 lx，弱光照以不影响奶牛采食量为标准。

11. 由兽医每天上午进行产后护理，检查营养代谢病、体温、生殖系统恢复情况等。

三、泌乳牛高峰期饲养工艺规范

1. 高峰期奶牛采用自由散栏式饲养模式，牛舍存栏为有效颈夹的95%。

2. 高峰期泌乳牛每天挤奶3次，分别是从06：00、14：00、22：00开始，确保每个牛舍挤奶时间相对固定。

3. 泌乳牛每天饲喂3次，根据挤奶时间送料。

4. 采用进口立式搅拌机生产高峰期奶牛TMR日粮，自动记录每种原料的投料量，误差控制在5%以内，每天分析异常数据。精料比如豆粕、棉粕、玉米、预混料等各原料自动传送，进口苜蓿、青贮等粗饲料通过人工装载机上料。

5. 利用课题组开发研制的适合中国饲料资源和饲养条件的CPMC奶牛饲料配方与营养诊断软件对配方进行诊断，每周一次，根据诊断结果对下一周配方进行适当调整。

6. 高峰期奶牛要求全天不空槽，追求干物质采食量最大化，剩料率控制在3%~5%，每天清槽一次，上午进行。每天有专人巡舍查看，并且根据剩料情况，随时调整当天的送料量。

7. 每天抽查一个高产舍TMR日粮搅拌均匀度，并通过感官和滨州筛数据评估TMR制作的质量情况，要求滨州筛第一层8%~12%，第一层和第二层之和在35%~50%。

8. 每天推料10次，每头高峰期奶牛随时能够采食到新鲜饲料。

9. 由兽医每天巡舍检查发病情况。

10. 水槽每周清洗3次。

11. 卧床每天疏松2次，2 d添加一次垫料，刮粪机自动开启。

12. 实行16 h强光照+8 h弱光照制度，全年不变。强光照要求200 lx，弱光照以不影响奶牛采食量为标准。

四、奶牛围产期和泌乳高峰期饲料配制技术要点

利用课题组开发研制的适合中国饲料资源和饲养条件的CPMC奶牛饲

料配方与营养诊断软件对不同牛群配方进行初步设计（表 3-1），并结合课题组最新研究成果进行适当调整。具体如下。

1. 结合碳水化合物平衡指数（CBI，CBI = peNDF/RDS）理论和技术体系，将泌乳高峰期奶牛配方 $peNDF_{1.18}$ 调整为 27.59%～35.62%，$peNDF_{8.0}$ 调整为 12.83%～18.80%，$CBI_{8.0} > 0.73$，$CBI_{1.18} > 1.42$。

2. 结合围产期奶牛过瘤胃胆碱（RPC）和过瘤胃蛋氨酸（RPM）的研究成果，围产期奶牛配方添加均为 15 g/d（以氯化胆碱和蛋氨酸计）的上述 2 种产品，以保证围产期奶牛肝脏和机体健康。

3. 结合围产期奶牛生物素和烟酰胺的研究成果，围产期奶牛配方添加 45 g/d 烟酰胺和 30 mg/d 生物素，以调控围产期奶牛肝脏糖脂代谢，缓解能量负平衡。

表 3-1　奶牛围产期和泌乳高峰期日粮组成范例

项目	围产前期	围产后期	泌乳高峰
原料（% of DM）			
玉米青贮	54.81	41.98	15.00
苜蓿干草	0.00	7.63	2.00
燕麦草	11.80	0.00	0.00
苹果渣	0.00	0.00	2.00
压片玉米	10.54	7.63	7.5
玉米	0.00	7.63	2.00
豆粕	2.11	9.54	3.2
大豆皮	0.00	3.82	0.00
棉粕	2.11	3.82	0.30
玉米皮	8.43	9.54	6.00
棉籽	8.43	5.73	2.50
预混料[1]	1.29	1.53	0.65
过瘤胃脂肪	0.00	0.95	0.10
过瘤胃胆碱	0.21	0.00	0.00
奥优金[2]	0.17	0.19	0.09

注：[1] 预混料每千克含：Cu 350 mg、Fe 2200 mg、Zn 1800 mg、Mn 800 mg、I 30 mg、Se 30 mg、Co 50 mg、维生素 B_1 40 mg、维生素 B_{12} 1 mg、烟酸 1000 mg、泛酸 700 mg、维生素 K_3 45 mg、维生素 A 200 KIU、维生素 D_3 4500 IU、维生素 E 6500 IU；

[2] 奥特奇公司产品，一种功能性反刍动物蛋白源

五、奶牛能量平衡精准评价技术

奶牛体况评分是评价奶牛能量代谢状况和脂肪沉积程度的一种适用方法，是推测牛群生产力、检验和评价饲养管理水平和反映奶牛健康状况的一项重要指标，已在实际生产中得到广泛应用。为了克服人为体况评分的主观性，本课题总结前人研究成果，开发一款奶牛专用的"奶牛体况评分软件 V1.0（2012SR124182）"（图3-1），可准确控制旋转方向、转动圈数、速度，易于标准化操作，提高评分的准确性和高效性。

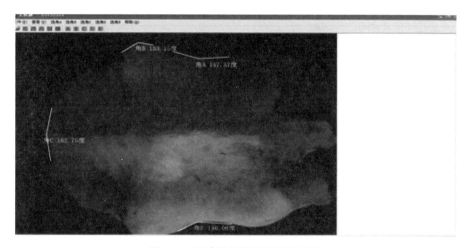

图3-1　奶牛体况评分软件运行图

六、奶牛日粮精准配置与营养诊断技术

在 CPM-Dairy 软件的基础上联合开发研制了适合中国饲料资源和饲养条件的"奶牛精准营养管理系统（2013SR026769CPMC）"（图3-2），可实现奶牛日粮营养精准配置和日粮营养平衡诊断。

七、奶牛全混合日粮 TMR 饲喂技术规程

全混合日粮（Total mixed ration，TMR）是按奶牛日粮配方，将所有料、草使用专用搅拌设备进行充分搅拌、揉碎、混合而形成的一种营养价

图 3-2　CPMC 奶牛日粮分析软件

值均衡的日粮。运用 TMR 饲喂奶牛是一种先进的生产工艺，饲喂 TMR 日粮可以降低饲喂成本 5%~7%，人工效率由 15~20 头/人提高到 40~50 头/人；使用 TMR 日粮饲喂的奶牛其泌乳曲线稳定，产后泌乳高峰期持续时间较长并下降缓慢，可提高产奶量 10%~20%，年产奶量达到 9 000 kg 的奶牛，产奶量仍可提高 6%~10%。由于 TMR 技术的这些显著优势，使得 TMR 饲养方式成为了奶牛饲养发展史的一次新的革命。目前，国内在应用实践中尚无 TMR 的配制、搅拌标准可依，TMR 评价没有统一的规范。因此，在进行相关国内外标准的查新和文献的基础上，结合调研工作以及前期试验研究结果，制定了《奶牛全混合日粮（TMR）饲养技术规程》（报批稿），该标准规定了奶牛全混合日粮（Total mixed ration，TMR）的定义、TMR 搅拌车、饲料原料选择、TMR 配制、质量控制、饲喂管理以及饲喂效果评价方面的要求。适用于生产、使用全混合日粮（TMR）的奶牛场、养殖小区及 TMR 生产企业等。

第二节　围产期和泌乳高峰期奶牛营养调控技术

一、奶牛围产期营养平衡的评估和代谢参数的动态变化

根据泌乳性能，课题组选取 2 个典型牧场，平均日产奶量分别为 25 kg 和 33 kg，全程监控整个围产期的采食、产犊、泌乳等环节，运用 NRC（2001）、CPM-Dairy 和代谢葡萄糖（MG）体系，并引入 3 个综合指数，即修正的定量胰岛素敏感检测指数（RQUICKI）、修正的奶牛肝脏活力指数（LAIm）和修正的奶牛肝脏功能指数（LFIm），从营养平衡、神经内分泌、血液代谢谱等方面定量阐明了奶牛围产期营养泌乳净能（NEL）、代谢蛋白（MP）和代谢葡萄糖（MG）的供需状况及营养代谢规律。研究表明，奶牛围产前期 NEL、MG 和 MP 均不存在负平衡，而围产后期 NEL 和 MG 一直处于负平衡，MP 于产后第 21 d 恢复正平衡（图 3-3）；分娩前后相关血液代谢指标均明显上升或提高，胰岛素敏感性和肝脏功能显著下降，均呈二次曲线变化（图 3-4）。通过研究，基本明确了奶牛围产期主要营养素的缺乏量，多指标阐明了此阶段的生理代谢规律，可为奶牛围产期的精准调控提供科学依据。

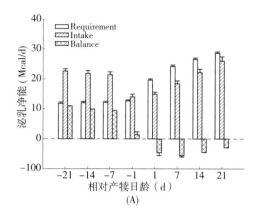

(A)

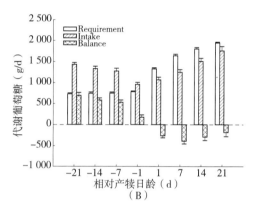

（B）

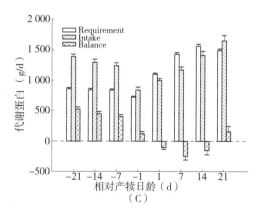

（C）

图 3-3　奶牛围产期泌乳净能、代谢蛋白和代谢葡萄糖的平衡状况

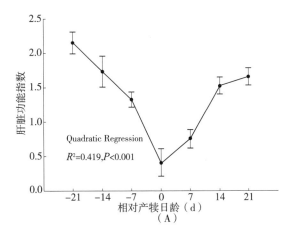

（A）

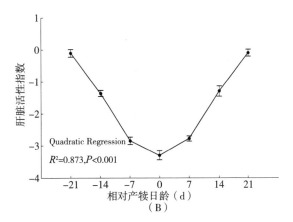

（B）

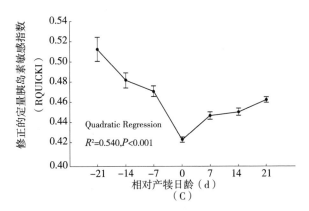

（C）

图 3-4　奶牛围产期肝脏功能及胰岛素敏感指数的动态变化

二、缓解围产期奶牛能量负平衡的营养调控技术

（一）过瘤胃胆碱和过瘤胃蛋氨酸调控奶牛围产期能量负平衡

本试验旨在研究过瘤胃胆碱（RPC）和过瘤胃蛋氨酸（RPM）对奶牛围产期营养平衡、血液参数、机体健康和产后泌乳性能的影响，为缓解围产期能量负平衡和保障奶牛健康。研究选取 48 头健康、经产的围产期奶牛，按配对设计分为 4 组，分别为对照组（T0，基础日粮）、胆碱组（TC，15 g/d RPC，以氯化胆碱计）、蛋氨酸组（TM，15 g/d RPM，以蛋氨酸计）和混合添加组（TCM，15 g/d RPC+15 g/d RPM），每天饲喂 3 次（05：30，13：30 和 19：30），全天自由采食和自由饮水。每天记录采食量，采集饲料样，分别于-21、-14、-7、0、7、14 和 21 d 晨饲前采血，产后采集奶样，测定相关指标。结果表明，RPC 和 RPM 可改善奶牛围产期能量和蛋白质负平衡（图 3-5），促进奶牛健康，并提高产后泌乳性能（表 3-2）。

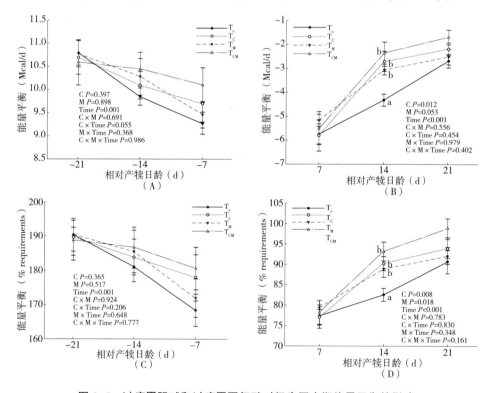

图 3-5　过瘤胃胆碱和过瘤胃蛋氨酸对奶牛围产期能量平衡的影响

表 3-2　过瘤胃胆碱和过瘤胃蛋氨酸对奶牛围产后期泌乳性能的影响

项目	T0	TC	TM	TCM	SEM	P 值		
						C	M	C×M
4%乳脂矫正乳（kg/d）	22.70	23.42	23.31	23.94	0.264	0.015	0.040	0.868
乳脂率（%）	3.28	3.44	3.41	3.60	0.078	0.027	0.071	0.855
乳蛋白率（%）	3.05	3.19	3.23	3.28	0.056	0.103	0.022	0.366
乳糖率（%）	4.84	4.88	4.87	4.85	0.030	0.811	0.991	0.424
总固形物（%）	12.01	12.88	12.90	13.26	0.250	0.019	0.015	0.315
体细胞数（×10⁴/mL）	21.55	18.63	20.18	18.37	2.37	0.325	0.732	0.816
非脂固形物（%）	8.73	9.43	9.49	9.66	0.228	0.064	0.036	0.245
乳尿素氮（mg/dL）	11.20	10.31	10.86	10.40	0.576	0.245	0.827	0.710

（二）生物素和烟酰胺调控奶牛围产期能量负平衡

本试验旨在研究生物素和烟酰胺对奶牛围产期营养平衡、体脂动员、机体健康和产后泌乳性能的影响，为缓解围产期能量负平衡，保障奶牛健康和提高泌乳性能提供理论依据和技术支撑。研究选取 48 头健康、经产的围产期奶牛，按配对设计分为 4 组，分别为对照组（基础日粮）、生物素组（30 mg/d）、烟酰胺组（45 g/d）和混合添加组（生物素 30 mg/d+烟酰胺 45 g/d），每天饲喂 3 次（05：30，13：30 和 19：30），全天自由采食和自由饮水。

研究结果表明，围产期奶牛大剂量灌服烟酰胺具有降低脂肪动员的作用，可能主要通过体内转换成烟酸发挥降脂解功能（图 3-6）。补饲生物素可改善奶牛瘤胃发酵参数和泌乳初期产奶性能，围产期奶牛日粮添加生物素可改善奶牛生产性能（表 3-3）。围产期奶牛补饲烟酰胺可调节机体糖脂代谢（图 3-7）、改善奶牛能量负平衡状态（图 3-8），且生物素和烟酰胺对围产期奶牛能量代谢无交互作用。

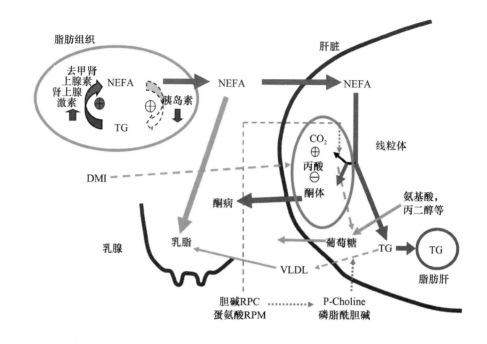

图 3-6 奶牛围产期能量代谢特征及胆碱和蛋氨酸的调控途径
(改编自 Drackley，2013)

表 3-3 生物素和烟酰胺对围产期奶牛泌乳性能的影响

项目	处理				SEM	P-value			BIO× NAM	Wk. ×BIO ×NAM
	T0	TB	TN	TB+N		Wk.	BIO	NAM		
乳产量（kg/d）	37.86	40.63	39.23	39.11	0.52	<0.001	0.208	0.941	0.171	0.561
乳脂率（%）	3.82	3.86	3.79	3.80	0.12	0.012	0.899	0.849	0.949	0.107
乳蛋白率（%）	3.26	3.21	3.23	3.30	0.02	0.001	0.750	0.396	0.110	0.334
乳糖率（%）	4.81	4.75	4.75	4.89	0.03	0.013	0.500	0.427	0.064	0.079
尿素氮（mg/dL）	7.65	7.21	7.42	7.35	0.19	0.099	0.947	0.963	0.285	0.807

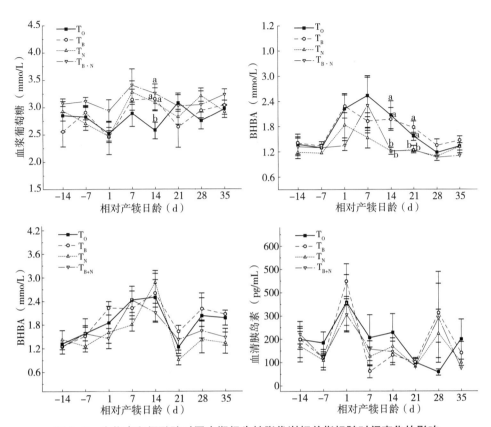

图 3-7 生物素和烟酰胺对围产期奶牛糖脂代谢相关指标随时间变化的影响

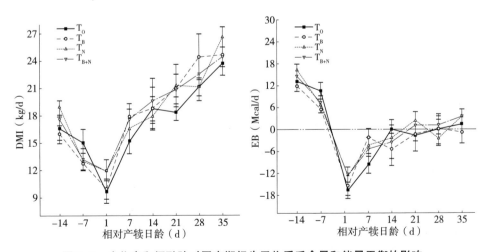

图 3-8 生物素和烟酰胺对围产期奶牛干物质采食量和能量平衡的影响

三、功能性氨基酸（亮氨酸）对泌乳高峰期奶牛能量利用的调控

反刍动物尤其是奶牛，胰腺分泌淀粉酶的不足是造成小肠淀粉消化率低的关键因素。提高小肠淀粉的消化利用率，能够提高乳产量，并可降低氨基酸在肝脏的糖异生过程，使氨基酸发挥最佳的营养功能。反刍动物体内氨基酸介导的信号通路的作用终点往往是 mRNA 翻译起始的调节蛋白，其中，哺乳动物雷帕霉素蛋白（mTOR）是一种调节动物组织和细胞中蛋白质合成的蛋白激酶，氨基酸作为一种营养信号通过调控 mTOR，激活蛋白质翻译过程的起始阶段，从而影响机体蛋白质合成效率。研究表明，支链氨基酸（亮氨酸、异亮氨酸和缬氨酸）是 mTOR 最有效的刺激物，苯丙氨酸在肝脏也可通过 mTOR 通路下游 p70-S6 激酶磷酸化调控蛋白质合成。这为氨基酸尤其是支链氨基酸介导胰腺酶合成及表达提供了理论基础。

课题组的研究表明，奶牛十二指肠灌注亮氨酸和苯丙氨酸可有效调控胰腺外分泌功能和小肠食糜酶活，有利于改善奶牛小肠消化功能。研究团队对 4 头荷斯坦母牛（215 kg±7 kg）施行胰腺插管及十二指肠瘘管手术（图 3-9），待完全康复后通过十二指肠瘘管灌注不同浓度的亮氨酸，研究亮氨酸与胰腺外分泌功能的关系。

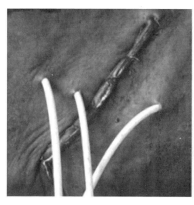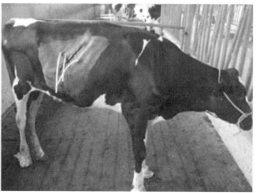

图 3-9　荷斯坦青年牛胰腺及十二指肠插管手术

结果发现胰液蛋白质浓度与亮氨酸灌注浓度成正比；灌注亮氨酸能够提高淀粉酶浓度及分泌速率。亮氨酸可作为营养信号刺激淀粉酶、胰蛋白

酶、胰凝乳蛋白酶、脂肪酶的分泌，反应有剂量和时间依赖性。亮氨酸可通过促进胰腺酶的 mRNA 表达和翻译过程中 mTOR 通路的关键因子来调控胰腺酶合成，对 mTOR 通路调控最佳剂量为 5.24 mg/mL（图 3-10）。异亮氨酸可调控反刍动物胰腺外分泌功能，其中对胰腺 α-淀粉酶和胰蛋白酶影响尤为显著；20 g/d 异亮氨酸效果最佳，而低剂量异亮氨酸（10 g/d）对 α-淀粉酶的调控具有时间效应，长期使用更有效。本研究结果可为功能性氨基酸促进奶牛能量利用效率提供理论指导。

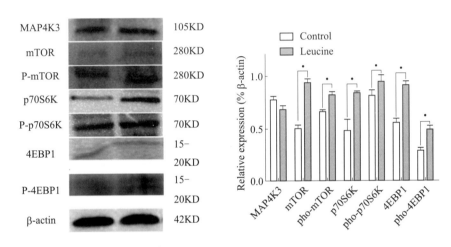

图3-10　功能性氨基酸对奶牛胰腺组织 mTOR 通路相关
蛋白因子表达及磷酸化影响

四、日粮代谢葡萄糖水平调控泌乳高峰期奶牛能量平衡

40 头体重相近、头胎、泌乳 90~120 d 的健康高产奶牛等分 2 组，分别饲喂添加等量蒸汽压片玉米和颗粒玉米的 TMR 日粮，计算 2 组的代谢葡萄糖水平，测定 2 种日粮条件下泌乳量、乳成分和血液指标，研究日粮 MG 水平对泌乳高产奶牛产奶性能和血液生化指标的影响。结果表明，与破碎颗粒玉米组相比，添加压片玉米组的 MG 水平较高（表 3-4），日粮产奶量和乳蛋白、乳脂肪指标均较高，血糖含量较高，血尿素氮的含量较低。本研究为制定奶牛围产期和泌乳高峰期能量需要，完善提高奶牛对日粮能量总体利用率的综合技术措施提供了基础数据和支持。

表 3-4　玉米不同加工方式每日供给奶牛 MG 量影响（g/d）

项目	蒸汽压片玉米日粮	颗粒玉米日粮
奶牛精补料	356.09	356.09
玉米	86.25	76.71
豆粕	12.07	12.07
全棉籽	58.31	58.31
甜菜粒	45.10	45.10
啤酒糟	101.54	101.54
青贮	331.51	331.51
进口苜蓿	263.86	263.86
合计	1 255.73	1 245.19
乳脂率（%）	4.6	4.4
乳蛋白率（%）	3.71	3.45
乳糖率（%）	5.15	5.3
乳总固形物（%）	11.76	11.24

第三节　热应激奶牛营养代谢及调控技术

一、热应激奶牛的代谢组变化

采用代谢组学方法研究了热应激对泌乳奶牛内源代谢物的影响，筛选出热应激条件下潜在的生物标记物，结合已知的数据库来研究生物标记物的生物学功能和代谢通路，阐明热应激引起奶牛能量负平衡和生产性能下降的机理。试验共 2 期，分别为热应激期（2014 年 7—8 月）和非热应激期（2014年 3—4 月），每期试验分别选取泌乳奶牛 10 头，每期 38 d。结果如下。

热应激试验开始时奶牛平均体重 568.2 kg，结束时体重为 565.5 kg，体重下降 0.5%。非热应激开始时奶牛平均体重 604.4 kg，结束时体重为612.2 kg，体重增加 1.3%。热应激期和非热应激期，奶牛的体重保持得比较稳定，尤其热应激期，奶牛体重并未出现大幅下降。与非热应激期比，轻微热应激、中度热应激奶牛的产奶量分别降低了 15.1%、30.5%，乳蛋白率降低 10.0%，但有提高奶牛乳脂率的趋势（表 3-5）。

表3-5　热应激对奶牛生产性能的影响

处理	产奶量（kg/d）	乳脂率（%）	乳蛋白率（%）	乳糖率（%）
非热应激（58.75）	28.64[a]	3.11	3.19[a]	4.87
轻度热应激（75.64）	24.31[b]	3.78	2.87[b]	4.73
中度热应激（82.28）	19.91[c]	3.75[a]	2.87[b]	4.72
P 值	<0.001	0.087	0.015	0.194

注：同列数据上标相邻小写字母视为差异显著，相间的小写字母视为差异极显著

奶牛血清代谢组学结果表明，与非热应激奶牛相比，热应激奶牛血清中找到12个潜在的生物标记物（表3-6），其中葡萄糖、丙氨酸、谷氨酸、尿素、组氨酸、1-甲基组氨酸和甲酸升高，3-羟基丁酸、亮氨酸和脂质（VLDL、LDL和Lipid）降低，表明热应激影响奶牛能量代谢（葡萄糖、3-HB、VLDL、LDL、Lipid）、氨基酸代谢（亮氨酸）、糖异生（丙氨酸、组氨酸）、肌肉分解代谢（1-MH）、肠道微生物代谢（甲酸）。

表3-6　血清代谢物 OPLS-DA 分析的相关系数

序号	代谢物	化学位移（ppm）	相关系数（r[1]）
1	L2、L4：VLDL	0.89（br），1.29（br）	0.810
2	L3：LDL	1.27（br）	0.660
3	L6：Lipid	2.01（br）	0.642
4	Leu（亮氨酸）	0.96（t），1.69（m）	0.751
5	3-HB（3-羟基丁酸）	1.20（d）	0.742
6	Alanine（丙氨酸）	1.48（d）	−0.644
7	Glutamate（谷氨酸）	2.13（m），2.46（m）	−0.649
8	Glucose（葡萄糖）	3.42（t），3.54（dd），3.71（t），3.73（m），3.84（m），5.23（d）	−0.706
9	Urea（尿素）	5.78（br）	−0.663
10	Histidine（组氨酸）	7.05（s），7.76（s）	−0.627
11	1-MH（1-甲基组氨酸）	6.96（s），7.61（s）	−7.637
12	Formate（甲酸）	8.45（s）	−0.682

注：[1] 相关系数，正、负号指示相应组中该代谢物浓度较高或较低。| r | >0.553 相当于 P<0.05 的显著水平。"−" 为差异不显著。s：单峰，d：双峰，t：三重峰，q：四重峰，dd：双重双重峰，m：多重峰，br：宽共振

热应激奶牛牛奶中找到 11 个潜在的生物标记物（表 3-7），其中 N-乙酰基糖蛋白、胆碱、鲨基醇和吡多胺升高，O-乙酰基糖蛋白、柠檬酸、磷酸胆碱、甘油磷酸胆碱和磷酸甲酯降低，表明热应激抑制了乳腺细胞中 PtC 的分解代谢过程；热应激促进了乳腺细胞中胆碱的合成代谢过程；热应激可能影响了乳腺上皮细胞中高尔基体膜合成分泌乳柠檬酸的这一功能。

表 3-7　牛奶代谢物 OPLS-DA 分析的相关系数

序号	代谢物	化学位移（ppm）	相关系数（r^1）
1	NAG（N-乙酰基糖蛋白）	2.06（s）	-0.729
2	OAG（O-乙酰基糖蛋白）	2.07（s）	0.678
3	Citrate（柠檬酸）	2.53（d），2.67（d）	0.742
4	Choline（胆碱）	3.20（s）	-0.642
5	PC（磷酸胆碱）	3.22（s）	0.605
6	GPC（甘油磷酸胆碱）	3.23（s）	0.625
7	MP（磷酸甲酯）	3.49（d）	0.681
8	scyllo-inositol（鲨肌醇）	3.36（s）	-0.660
9	Pyridoxamine（吡多胺）	7.67（s）	-0.681
10	U1	5.35（d）	0.649
11	U2	5.49（d）	0.640

注：[1] 相关系数，正、负号指示相应组中该代谢物浓度较高或较低。｜r｜>0.553 相当于 $P<0.05$ 的显著水平。"-" 表示差异不显著。s：单峰，d：双峰，t：三重峰，q：四重峰，dd：双重双重峰，m：多重峰，br：宽共振

二、热应激奶牛评价技术规范

热应激是影响奶牛养殖业的突出问题，针对如何评价热应激的发生及其程度的技术难题，在研究奶牛热应激代谢机制的基础上，建立了基于温湿度指数、直肠温度和呼吸频率为基础的《奶牛热应激评价技术规范》。该技术规范，具有操作简单、快速和准确的特点，有助于及早诊断和有效预防夏天奶牛热应激的发生，维持奶牛生产性能，已经成为奶牛养殖行业防控热应激的重要技术指导依据，为及早诊断和预防热应激、提高养殖效益发挥了重要作用。

三、日粮补充微量营养源缓解奶牛热应激的调控技术

（一）日粮补充烟酰胺缓解奶牛热应激的效果

为了研究烟酰胺缓解奶牛热应激的效果，选用 20 头泌乳荷斯坦奶牛（DIM：78.8 d± 11.0 d；产奶量：37.7 kg/d±1.8 kg/d；胎次：1.7±0.3）（n=10）分为两组，其中一组饲喂基础日粮（CTL），另一组在饲喂基础日粮的条件下，每头牛添加 8 g/d 的烟酰胺（NAM）。试验期 10 周。试验中每天 3 次测量环境温度和湿度（06：00、14：00、22：00），且每周连续 2 d 测量奶牛呼吸频率和直肠温度以及采食量和产奶量，并采集饲料样品，其中每 10 d 采集一次乳样，用于乳成分分析。于试验第 6 周和 10 周，通过口腔采集器采集瘤胃液样品。通过 SAS 混合模型对数据进行分析。结果表明，试验牛舍早、中、晚的平均温度分别为 27.52℃±1.54℃、29.77℃±1.89℃、28.13℃±1.69℃；平均温湿指数分别为 78.20±2.74、79.72±3.26、78.26±3.37。结果表明，试验开始时奶牛处于热应激状态，添加烟酰胺后显著降低了奶牛呼吸频率（图 3-11），但对奶牛直肠温度没有显著影响。两组间乳产量、干物质采食量以及乳成分没有显著差异，但是烟酰胺显著提高了乳脂校正乳，能量校正乳以及乳脂产量。此外，烟酰胺对奶牛瘤胃 pH 值、氨态氮浓度和总挥发酸含量没有显著影响。因此，烟酰胺尽管在一定程度上轻微地缓解了奶牛热应激，增加了奶牛舒适度，但是并没有显著提高奶牛的生产性能和瘤胃发酵指标。

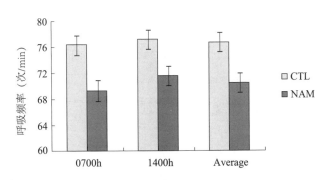

图 3-11 NAM 添加剂对热应激奶牛呼吸频率的影响

（二）日粮补充柴胡提取物缓解奶牛热应激的效果

柴胡提取物具有降温的功能，本试验研究柴胡提取物（BE）对热应激奶牛生产性能和瘤胃发酵的影响。根据产奶量、泌乳天数以及胎次等相近的原则，将40头健康的中国荷斯坦奶牛按随机区组试验设计分为4组（n=10），分别饲喂4种不同的处理日粮，即在基础日粮中分别添加0、0.25、0.5、1.0 g/kg的中草药柴胡（DM基础）。试验持续10周，且牛舍每周平均温湿指数（THI）≥72，因此该试验是在奶牛热应激条件下完成。

试验结果表明（表3-8），中草药柴胡添加剂降低了热应激奶牛的呼吸频率，其中0.5 g/kg添加量对奶牛的呼吸频率降低幅度最大，效果最显著；而且，不同剂量的添加剂均能降低热应激奶牛的直肠温度，尤其在一天中最热时刻降低效果最明显；此外，中草药柴胡添加剂提高了热应激奶牛的采食量和生产性能，其中，0.25 g/kg和0.5 g/kg的添加量对热应激奶牛的产奶量、4%乳脂校正乳（FCM）和能量校正乳（ECM）以及饲料转化率提高最明显；虽然柴胡添加剂对热应激奶牛的乳品品质没有显著影响，但是0.25 g/kg和0.5 g/kg的添加量提高了乳脂产量和乳蛋白产量。柴胡提取物对热应激奶牛的瘤胃发酵没有负面影响。因此，中草药柴胡添加剂可以缓解奶牛热应激并提高其泌乳性能，且适宜添加量为0.25~0.5 g/kg。

（三）日粮补充瘤胃保护γ-氨基丁酸缓解奶牛热应激的效果

本试验通过研究过瘤胃γ-氨基丁酸（GABA）对热应激奶牛生产性能和影响物质消化率的影响。根据产奶量、泌乳天数（141 d±15 d）以及胎次（2.0±1.1）等相近的原则，将60头健康的中国荷斯坦奶牛按随机区组试验设计分为4组（n=15），分别饲喂4种不同的处理日粮，即在基础日粮中（干物质基础）分别添加GABA的剂量为0（对照组，control）、40、80或120 mg/kg。试验持续10周，试验期间牛舍早（07：00）、中（14：00）、晚（22：00）平均温湿指数（THI）分别为78.4、80.2和78.7，因此该试验是在奶牛热应激条件下完成。

表 3-8　柴胡提取物对热应激奶牛呼吸频率、直肠温度及生产性能的影响

项目	处理组				SEM	P值				
	0 g/kg	0.25 g/kg	0.5 g/kg	1.0 g/kg		Trt	Wk	Int	Linear	Quadra
呼吸频率 (breath/min)										
07：00	71.22^{Aa}	64.24^{ABb}	58.32^{Bc}	67.03^{ABb}	2.01	<0.01	<0.01	0.78	0.09	<0.01
14：00	71.63^{a}	66.01^{ab}	60.98^{b}	67.62^{ab}	2.16	0.03	<0.01	0.80	0.18	<0.01
均值	71.40^{A}	65.61^{A}	60.32^{B}	67.42^{A}	2.86	<0.01	<0.01	0.77	0.12	<0.01
直肠温度 RT (℃)										
07：00	39.12^{a}	39.03^{ab}	38.96^{b}	38.95^{b}	0.05	0.08	<0.01	0.87	0.89	0.41
14：00	39.45^{A}	39.28^{B}	39.15^{B}	39.16^{B}	0.06	<0.01	<0.01	0.93	0.68	0.09
均值	39.28^{A}	39.10^{B}	39.04^{B}	39.07^{B}	0.05	0.01	<0.01	0.92	0.76	0.18
生产性能										
采食量 (kg/d)	20.94^{c}	22.79^{a}	21.59^{b}	22.07^{b}	0.16	0.02	0.01	0.09	0.01	<0.01
产奶量 (kg/d)	$31.58B^{c}$	34.23^{Aa}	33.38^{ABb}	32.37^{ABbc}	0.41	<0.01	<0.01	0.54	0.01	<0.01
4%乳脂校正乳[1] (kg/d)	27.87^{B}	30.44^{A}	30.14^{A}	29.29^{AB}	0.53	<0.01	0.05	0.94	0.22	<0.01
能量校正乳[2] (kg/d)	30.39^{B}	33.23^{A}	32.69^{B}	31.77^{AB}	0.48	<0.01	<0.01	0.81	0.25	<0.01
乳脂产量 (kg/d)	1.02^{b}	1.13^{a}	1.12^{a}	1.09^{ab}	0.03	0.03	0.25	0.99	0.64	0.01
乳蛋白产量 (kg/d)	0.89^{B}	0.97^{A}	0.95^{A}	0.92^{AB}	0.02	<0.01	<0.01	0.46	0.56	<0.01
乳脂率 (%)	3.24	3.26	3.40	3.32	0.07	0.41	0.37	0.99	0.09	0.10
乳蛋白率 (%)	2.79	2.79	2.89	2.81	0.04	0.19	<0.01	0.88	0.06	0.05

试验结果表明，添加 GABA 不影响奶牛呼吸频率，但干物质采食量、能量矫正乳、4%标准乳和乳脂肪产量随着 GABA 添加剂量增加呈线性增加，对于乳蛋白和乳糖浓度具有二次曲线效应，当 GABA 剂量为 40 mg/kg 时出现峰值。乳中尿素氮浓度与 GABA 的剂量呈现二次曲线效应，而总固形物随着 GABA 呈线性增加。日粮增加 GABA 对产奶量、乳糖产量、乳脂肪含量、SCC 和饲料转化率和全肠道干物质、有机物、粗蛋白、NDF、ADF 的消化率没有影响。这些研究结果表明（表3-9），日粮添加过瘤胃 GABA 能够通过降低直肠温度、增加干物质采食量和牛奶产量而缓解热应激的状态，其中 GABA 的适宜添加剂量为 40 mg/kg DM。

表3-9　日粮补充过瘤胃 γ-氨基丁酸（GABA）对热应激奶牛生产性能的影响

项目	处理				SEM	P 值		
	Control	40GABA	80GABA	120GABA		Linear	Quadratic	Cubic
DMI（kg/d）	21.2	22.7	22.1	21.9	0.33	0.10	0.19	0.31
产量（kg/d）								
产奶量	31.3	33.3	31.9	31.4	0.68	0.38	0.42	0.23
ECM[2]	29.5	32.6	31.6	31.0	0.79	0.09	0.23	0.53
4% FCM[3]	27.5	30.3	29.7	28.9	0.48	0.08	0.32	0.64
乳脂产量	1.01	1.14	1.12	1.08	0.034	0.08	0.31	0.77
乳蛋白产量	0.89	0.98	0.91	0.90	0.024	0.36	0.06	0.13
乳糖产量	1.54	1.65	1.57	1.57	0.032	0.49	0.27	0.35
总固形物	3.8	4.2	4.1	4.0	0.12	0.12	0.17	0.62
乳成分（%）								
乳脂含量	3.23	3.44	3.48	3.45	0.094	0.15	0.38	0.41
乳蛋白含量	2.84	2.97	2.86	2.91	0.037	0.40	<0.01	0.15
乳糖含量	4.89	4.96	4.93	4.99	0.013	0.72	<0.01	0.28
总固形物	12.21	12.74	12.80	12.76	0.124	0.01	0.19	0.35
MUN（mg/100 mL）	12.3	13.4	13.6	13.9	0.31	<0.01	0.02	0.03
SCS[4]	3.22	3.94	3.40	3.61	0.471	0.67	0.33	0.70
饲喂效率	1.48	1.46	1.44	1.43	0.021	0.12	0.56	0.48

注：[1] 奶牛饲喂基础日粮（对照）或基础日粮添加40、80和120 mg GABB/kg 干物质；

[2] ECM＝0.327×milk（kg）＋12.95×fat（kg）＋7.20×protein（kg）；

[3] 4% FCM＝0.4（kg of milk）＋15.0（kg of fat）；

[4] SCS＝$\log_2$［SCC（cells per mL）/100，000］＋3

（四）日粮补充吡啶羧酸铬缓解奶牛热应激的效果

本试验研究了吡啶羧酸铬对热应激泌乳奶牛生产性能的影响。选择经产泌乳前期荷斯坦奶牛 24 头，根据泌乳量和奶牛体况，参照 NRC 2001 奶牛营养需要以及中国奶牛营养需要统一配制基础日粮。精粗比为 46：54，精料组成为玉米 50%，豆粕 6%，小麦麸 12%，菜粕 11%，棉粕 9%，DDGS 3%，食盐 1%，小苏打 1.5%，碳酸钙 2%，酵母 2%，磷酸氢钙 1.5%，预混料 1%。对照组 A 饲喂基础日粮，试验 B、C、D 组在此基础上分别添加铬 3.6 mg/（头·d）、7.2 mg/（头·d）、10.8 mg/（头·d）的吡啶羧酸铬（以铬含量计）。试验共 9 周，预饲期 1 周，正式试验期 8 周。

试验结果表明（表 3-10），添加吡啶羧酸铬可以显著提高奶牛的日平均干物质采食量和泌乳量，改善了机体能量代谢及激素的分泌，缓解了奶牛热应激，促进奶牛产后发情，提高产后奶牛第一情期受胎率。因此，热应激下泌乳前期奶牛吡啶羧酸铬适宜添加量为 7.9 mg/（头·d）和 8.3 mg/（头·d）可获得最大泌乳量和标准乳；铬的添加量为 7.8 mg/（头·d），料乳比最低。补铬可以显著提高全期日平均干物质采食量，与对照组相比，各试验组干物质采食量（DMI）分别提高了 1.87%、3.06% 和 3.0%。与对照组 A 相比，试验组 B、C 和 D 泌乳量分别提高 8.35%、9.81% 和 9.34%；FCM 产量提高了 3.4%~4.8%；补铬能够降低料乳比；补铬对泌乳期奶牛乳常规成分（乳脂、乳蛋白、乳糖和总固形物）无显著影响。

表 3-10　吡啶羧酸铬对热应激奶牛干物质采食量和泌乳性能的影响

项目	A 组	B 组	C 组	D 组
干物质采食量（kg/d）	17.64±0.09[b]	17.97±0.11[a]	18.18±0.12[a]	18.17±0.10[a]
泌乳量（kg/d）	24.34±1.99[b]	25.29±2.20[ab]	25.63±2.27[a]	25.52±2.1[a]
标准乳（kg/d）	21.86±1.88[b]	22.60±2.12[ab]	22.91±2.21[a]	22.73±2.08[a]
料奶比	0.725±0.11	0.711±0.10	0.709±0.14	0.712±0.11
乳脂率（%）	3.31±0.15	3.29±0.18	3.29±0.16	3.30±0.14
乳蛋白率（%）	2.89±0.09	2.91±0.08	2.85±0.07	2.86±0.08
乳糖含量（%）	4.88±0.18	4.87±0.18	4.92±0.16	4.93±0.08
总固形物含量（%）	11.35±0.48	11.35±0.51	11.30±0.44	11.31±0.52

注：同行肩标不同字母（a，b）表示差异显著（$P<0.05$）

添加铬对试验中期和试验后期血糖、血糖/胰岛素以及IGF-1有显著影响（表3-11）。随着添加铬时间的延长，血糖和IGF-1浓度都逐渐的升高，但补铬可以使其增加的比例更高。在试验第28 d和第56 d，添加铬7.2 mg/（头·d）和10.8 mg/（头·d）可以显著提高血糖和IGF-1浓度。血中葡萄糖与胰岛素之比是反映胰岛素活性的基本指标，其值越高说明胰岛素活性越高。本试验研究添加铬使得胰岛素活性提高。结果说明，吡啶羧酸铬可改善热应激条件下血糖的供应，从而缓解热应激反应。

表3-11　吡啶羧酸铬铬对奶牛血糖、胰岛素、血糖/胰岛素及IGF-1的影响

项目	A组	B组	C组	D组
血糖（mmol/L）				
试验第1 d	2.91±0.12	2.93±0.12	2.92±0.14	2.92±0.15
试验28	3.03±0.13[b]	3.14±0.13[ab]	3.37±0.17[a]	3.35±0.13[a]
试验56 d	3.11±0.15[b]	3.23±0.10[ab]	3.43±0.17[a]	3.35±0.16[a]
胰岛素（uIU/mL）				
试验第1 d	13.44±1.58	13.54±1.23	13.57±1.32	13.58±1.43
试验28 d	15.65±1.52	14.67±1.35	14.21±1.43	14.97±1.26
试验56 d	14.75± 1.58	14.32±1.43	13.88±1.55	13.93±1.33
血糖/胰岛素				
试验第1 d	0.211±0.020	0.217±0.018	0.214±0.012	0.213±0.010
试验28 d	0.202±0.014[b]	0.215±0.013[ab]	0.238±0.017[a]	0.233±0.013[a]
试验56 d	0.212±0.015[b]	0.226±0.013[ab]	0.249±0.018[a]	0.236±0.014[a]
胰岛素样生长因子（ng/mL）				
试验第1 d	55.49±6.56	57.56±4.15	58.02±5.28	61.01±4.74
试验28 d	70.73±4.67[b]	85.54±6.86[ab]	95.46±5.42[a]	95.42±5.37[a]
试验56 d	96.47±5.22[b]	105.46±5.34[ab]	118.97±5.11[a]	123.76±4.65[a]

注：同行肩标不同字母（a，b）表示差异显著（$P<0.05$）

（五）日粮补充酵母铬和蛋氨酸锌缓解奶牛热应激的效果

选用24头产后160~185 d，平均产奶量16.4 kg±1.9 kg/d的荷斯坦奶牛，根据胎次和产奶量分成4组，每组6头。按精粗比45：55饲喂，对照组饲喂基础日粮，试验1、2、3组在此基础上分别添加锌5g/（头·d）（来源20%蛋氨酸锌）、铬4g/（头·d）（来源酵母铬）和锌5g/（头·d）（来源20%蛋氨酸锌）+铬4g/（头·d）（来源酵母铬），研究锌和铬对热应激奶牛

生产性能和血液指标的影响。

　　结果表明，日粮添加锌和铬可提高热应激奶牛机体抗氧化能力，缓解热应激的影响，提高产奶量。热应激奶牛的日粮中添加铬 4g/（头·d）（来源酵母铬）可最大限度地提高采食量（表3-12）。试验1、2和3组分别比对照组提高干物质采食量 1.72%、2.90% 和 2.84%；提高产奶量 4.67%、6.34% 和 7.77%。当 THI 大于 68 后，奶牛的采食量大幅度下降。热应激条件下，与对照组相比，试验2和3组血糖浓度分别提高 18.69% 和 46.73%；试验1、2和3组血浆 Cu-Zn-SOD 分别提高 75.38%、50.77 和 89.80%，GSH-PX 活性分别提高 33.21%、12.97% 和 41.88%，丙二醛含量分别降低 26.05%、17.62% 和 24.90%。甘油三酯、非酯化脂肪酸、胰岛素、皮质醇、T3 含量各组间无显著差异。

表3-12　酵母铬和蛋氨酸锌对热应激下奶牛产奶量及血液生化指标的影响

项目	处理				SEM	P 值
	对照	试验1组	试验2组	试验3组		
干物质采食量（kg/d）	18.64^a	18.96^{ab}	19.18^b	19.17^b	0.23	0.082
产奶量（kg/d）	20.34	21.29	21.63	21.92	3.75	0.618
甘油三酯（mmol/L）	0.735	0.725	0.717	0.723	0.02	0.183
非酯化脂肪酸（μmol/ml）	0.601	0.589	0.520	0.517	0.07	0.198
皮质醇（ng/ml）	17.94	17.75	17.62	17.80	2.32	0.814
葡萄糖（mmol/L）	0.321^a	0.319^a	0.327^b	0.336^b	0.05	0.102
胰岛素（μIU/ml）	14.72	13.98	13.72	14.08	0.77	0.099
葡萄糖/胰岛素	0.0208^a	0.0222^{ab}	0.0236^b	0.0237^b	0.02	0.015
甲状腺素 T3（ng/ml）	1.64	1.71	1.75	1.74	0.05	0.017
铜锌 SOD（U/ml）	78.4^a	137.5^c	118.2^c	148.8^c	18.9	<0.001
谷胱甘肽过氧化物酶（U/ml）	107.2^a	142.8^c	121.2^{bc}	152.1^c	22.3	0.014
丙二醛（mmol/ml）	2.61^a	1.93^c	2.15^c	1.96^c	0.25	0.002

注：同行肩标不同字母（a、b、c）表示差异显著（$P<0.05$）

　　（六）日粮补充酵母硒和酵母培养物缓解奶牛热应激的效果

　　为了研究酵母硒和酵母培养物对热应激奶牛生产性能和血液指标的影响，试验采用单因素试验设计，将健康无病、产后 120~200 d、产奶量 18~22 kg/（头·d）的 48 头经产中国荷斯坦奶牛，根据胎次、泌乳天数、试验前一周产奶量相近原则随机分到 4 个处理组，分别为对照组（C 组），添加酵母硒组（Se-Y 组），添加酵母培养物组（YC 组），添加酵母硒和酵母培养物组（Se-Y+YC 组），每组 6 个重复，每个重复 2 头牛。C 组饲喂基础日粮，Se-Y 组在基础日粮基础上每千克干物质加酵母硒 0.30 g，YC 组在基础日粮基础上每千克干物质加酵母培养物 4 g，Se-Y+YC 组在基础日粮基础上每千克干物质加酵母硒 0.30 g，酵母培养物 4 g。试验期为 47 d，其中预饲期 7 d，正试期 40 d。

结果表明，热应激下奶牛日粮添加酵母硒和酵母培养物能提高牛奶乳蛋白率，并具有提高奶产量的趋势；酵母硒和酵母培养物可改善热应激奶牛机体抗氧化能力，降低热应激损伤。给热应激奶牛补饲酵母培养物可显著增加乳蛋白含量，显著降低血液中丙二醛含量和内毒素浓度。补饲酵母硒能极显著提高奶牛血液中硒含量和谷胱甘肽过氧化物酶的活性，极显著降低血液中丙二醛含量和内毒素浓度；联合补饲酵母硒与酵母培养物对奶产量、乳蛋白含量和机体氧化还原状态的改善效果更好。每千克干物质加酵母硒 0.30 g，添加酵母培养物 4 g，或同时添加酵母硒 0.30 g 和酵母培养物 4 g，可有效缓解奶牛热应激，提高奶牛生产性能（表 3-13）。

表 3-13 酵母硒与酵母培养物对热应激奶牛生产性能及血液生化指标的影响

项目	Se-Y 组	YC 组	C 组	Se-Y+YC 组
干物质采食量（kg/d）	17.51±0.16	17.83±0.14	16.96±0.42	17.57±0.09
产奶量（kg/d）	20.5±0.9[ab]	19.8±1.4[ab]	19.4±1.6[b]	21.0±0.6[a]
乳蛋白率（%）	2.83±0.11[ab]	2.93±0.10[a]	2.72±0.14[b]	2.98±0.06[a]
乳脂肪率（%）	3.25±0.09	3.32±0.10	3.20±0.11	3.31±0.18
乳糖含量（%）	4.77±0.15	4.84±0.19	4.73±0.13	4.85±0.18
血液指标				
硒含量（mg/L）	0.153±0.017[Aa]	0.054±0.009[Bb]	0.053±0.011[Bb]	0.160±0.022[Aa]
GSH-PX 酶活浓度（U/mL）	135.42±18.74[Aa]	90.42±15.93[Bb]	87.81±16.6[Bb]	139.21±18.25[Aa]
SOD 酶活浓度（U/mL）	92.52±9.57	89.42±7.45	86.30±5.83	94.02±8.46
丙二醛（mmol/mL）	3.11±0.05[Bb]	3.23±0.09[ABb]	3.49±0.13[Aa]	3.02±0.08[Bb]
内毒素（EU/mL）	0.50±0.08[Bb]	0.49±0.06[BBb]	0.69±0.12[Aa]	0.43±0.07[Bb]

注：同行肩标不同小写字母（a、b、c）表示差异显著（$P<0.05$），肩标不同大写字母（A、B）表示差异极显著（$P<0.01$）

（七）日粮补充黄芪组方中草药添加剂缓解奶牛热应激的效果

为研究黄芪组方中草药添加剂对奶牛抗热应激的添加效果，采用单因子试验设计，选择健康、胎次、体重和产奶量相近的荷斯坦奶牛12头，随机分为对照组和试验组，每组6头。对照组饲喂基础日粮，试验组在此基础上添加200 g/（d·头）的黄芪组方中草药添加剂。中草药添加剂主要由黄芪、甘草、麦冬、五味子等几味中草药构成。试验共50 d，其中预饲期10 d，正试期40 d。

热应激奶牛每天添加200 g的黄芪组方中草药添加剂，奶牛血清T4水平在第40 d比照组提高了58.69%，血清MDA含量比对照组显著降低39.77%，总SOD活力比对照组提高7.54%，血清GSH-PX活力比对照组提高了8.27%，血清内毒素、HSP70含量比对照组分别降低了20.53%和6.27%。结果表明，日粮补充黄芪组方中草药添加剂可通过提高血清T4和皮质醇水平，降低内毒素、HSP70和MDA含量，提高抗氧化酶活力（表3-14），有效缓解奶牛热应激，并能提高奶牛产奶量（表3-15）。

表 3-14　黄芪组方中草药添加剂对奶牛血清指标的影响

项目	1 d		10 d		20 d		40 d	
	对照组	试验组	对照组	试验组	对照组	试验组	对照组	试验组
T4（ng/mL）	42.6± 27.3	68.5± 18.3	35.9± 25.0	62.5± 20.5	34.6± 20.0	49.4± 16.6	44.0± 9.3[b]	69.9± 16.0[a]
皮质醇（ng/mL）	5.3± 3.2	6.6± 2.7	4.5± 3.3	6.8± 2.8	4.9± 3.1	5.9± 2.6	6.3± 2.5	6.6± 3.6
总SOD活力（U/mL）	121.7± 2.4	122.1± 5.2	120.9± 3.4	121.9± 1.4	117.5± 6.9	126.2± 6.7	119.0± 4.7[b]	127.9± 4.1[a]
GSH-PX活力（U/mL）	186.2± 7.0	184.8± 5.6	185.2± 3.0	187.6± 6.4	178.6± 7.4[b]	189.7± 4.7[a]	183.3± 5.8[bB]	198.5± 4.5[aA]
HSP70（ng/mL）	377.5± 45.4	292.6± 91.3	254.0± 31.6	295.0± 64.4	296.2± 41.2	269.8± 80.9	267.3± 66.9	221.8± 54.8
内毒素（EU/L）	30.5± 7.4	33.2± 5.4	24.0± 6.4	26.4± 8.2	25.0± 3.8	23.5± 4.3	26.0± 10.3	24.5± 2.9
MDA（nmol/mL）	2.8± 0.6	3.0± 0.3	2.7± 0.6	2.5± 0.2	2.6± 0.4	2.1± 0.16	2.3± 0.3[a]	1.7± 0.1[b]

注：同行肩标不同字母（a、b、c）表示差异显著（P<0.05）

表 3-15　黄芪组方中草药添加剂热应激对奶牛生产性能的影响

项目	干物质采食量（kg/d）		日产奶量（kg/d）	
	对照组	试验组	对照组	试验组
第 1 周	9.88±0.33	9.65±0.24	18.69±1.11	17.71±0.61
第 2 周	12.52±0.48[a]	11.82±0.29[b]	19.21±1.02	18.98±0.71
第 3 周	10.64±0.48	10.73±0.27	18.35±1.33	18.83±0.38
第 4 周	8.67±0.46[b]	9.11±0.13[a]	18.09±1.48	18.68±0.33
第 5 周	9.90±0.29	10.08±0.25	17.58±0.25[bB]	18.99±0.37[aA]
第 6 周	12.20±0.25	12.39±0.20	18.23±0.23[bB]	19.14±0.31[aA]

注：同行肩标不同小写字母（a、b、c）表示差异显著（$P<0.05$），肩标不同大写字母（A、B）表示差异极显著（$P<0.01$）

四、热应激条件下奶牛日粮粗饲料优化利用技术

粗饲料在维持奶牛瘤胃健康方面发挥重要作用。由于热应激导致奶牛干物质采食量降低，因此如何在热应激条件下奶牛日粮中优化利用粗饲料至关重要。饲料组之间存在组合效应（协同或拮抗）。本试验研究了青贮玉米秸、稻草和苜蓿草块间的不同组合（干物质基础）效应。青贮玉米秸和稻草按 50∶50 的比例混合（CR），将 CR 分别与苜蓿草块按 0∶100（CR0）、40∶60（CR40）、75∶25（CR75）和 100∶0（CR100）的比例进行组合制成混合粗料，并以精粗比 30∶70 的比例将粗料和精料混合。利用体外法评价不同粗饲料组合效应，结果表明当青贮玉米秸和稻草按 50∶50 的比例混合（干物质基础），再将此混合牧草与苜蓿草块按 75∶25 的比例混合时能产生最好的组合效应。在此基础上，采用对比试验设计，选择健康的中国荷斯坦奶牛 15 头，随机分为 3 个处理分别为对照组、CR40 和 CR75 组，每个处理 5 头牛。各处理饲料的精粗比为 30∶70。将处理组的苜蓿草块、稻草秸秆和青贮玉米秸以等干物质量替代对照组中的苜蓿草块、青贮玉米秸和干草，CR40 组中苜蓿草块∶青稻（青贮玉米秸∶稻草秸秆 = 1∶1）为 6∶4，CR75 组中苜蓿草块∶青稻比例为 25∶75。试验分两个阶段，预饲 1 周，正式试验 4 周，研究不同粗料组合对热应激奶牛生产性能和血液指标的影响。

结果表明（表3-16），中低质粗饲料稻草和青贮玉米秸与优质粗料苜蓿的各种组合使用都能产生正组合效应。稻草秸秆、青贮玉米秸秆和苜蓿以3：3：2的比例组合时，对夏季奶牛采食量并没有影响，但提高了奶牛FCM产量，降低夏季乳中SCC数量改善了奶牛的健康状况并降低生产成本。各项指标均表明CR75组的组合效应最好，即热应激奶牛在粗饲料组合方面，稻草、青贮玉米秸秆和苜蓿当以3：3：2的比例组合。CR75组的毛利润最高，比对照组增0.51元/（头·d），比CR40组多2.69元/（头·d）。夏季奶牛饲养不可忽略粗饲料间的组合，其直接关系到奶牛场的经济效益。

表3-16 粗饲料组合对奶牛泌乳性能、血液指标和效益的影响

项目	对照组	CR75	CR40	SE
干物质采食量（kg/d）	14.53	14.48	14.62	0.12
泌乳量（kg/d）	15.33	15.14	15.63	0.32
乳脂率（%）	3.31[b]	3.74[a]	3.60[a]	0.13
乳蛋白率（%）	3.57	3.35	3.44	0.19
乳糖含量（%）	4.85	4.69	4.88	0.14
非脂固形物（%）	8.83	8.38	8.70	0.25
SCC（1000个/ml）	428[a]	317[b]	298[b]	46.07
FCM4%（kg/d）	13.73[b]	14.54[ab]	14.71[a]	0.38
总蛋白（g/L）	79.44	79.44	82.80	3.68
白蛋白（g/L）	34.46	35.86	34.9	1.43
球蛋白（g/L）	45.0	43.58	47.86	0.65
尿素氮（mmol/L）	7.78[a]	5.74[b]	7.02[b]	0.15
血糖（mmol/L）	3.68	4.00	3.84	0.04
甘油三酯（g/L）	0.16	0.23	0.17	3.71
β-羟丁酸（μmol/L）	4.30	3.99	2.93	0.98
FCM（kg/d）	13.73	14.54	14.71	
FCM奶价（元/kg）	2.8	2.8	2.8	
饲料成本（元/头）	21.03	20.38	23.46	
产奶收入［元/（头·d）］	39.86	39.36	40.64	
毛利润［元/（头·d）］	19.65	20.16	17.47	

注：FCM4%=0.4M+15F［M为奶产量（kg），F为乳脂率］

第四章　牛奶品质提升的饲料营养调控技术

第一节　提高乳蛋白率的营养调控技术

一、乳蛋白合成的最佳氨基酸配比和能量底物组合模式

试验采用体外乳腺上皮细胞培养模型，研究赖氨酸蛋氨酸配比模式和葡萄糖水平对乳蛋白合成的影响。原代奶牛乳腺上皮细胞来源于荷斯坦奶牛乳腺组织培养，细胞培养在含 10% 胎牛血清的 DMEM/F12 培养基中。本试验为 2×2 因子设计，其中两因素分别为赖氨酸蛋氨酸配比（3∶1 和 2.3∶1，即平衡和非平衡）和葡萄糖水平（17.5 mmol/L 和 2.5 mmol/L，即高糖和低糖）。

采用 ELISA 法研究了不同赖氨酸蛋氨酸配比模式和葡萄糖水平对奶牛乳腺上皮细胞酪蛋白含量的影响，结果表明：不同赖氨酸蛋氨酸配比模式和葡萄糖水平对奶牛乳腺上皮细胞酪蛋白的合成具有显著的影响。高糖—赖氨酸蛋氨酸平衡组（HB）酪蛋白的合成量最高，高糖—赖氨酸蛋氨酸失衡组（HU）、低糖—赖氨酸蛋氨酸平衡组（LB）、低糖—赖氨酸蛋氨酸失衡组（LU）各组的酪蛋白合成量依次降低。与赖氨酸蛋氨酸失衡组相比，赖氨酸蛋氨酸平衡组显著提高了酪蛋白的表达水平。与低糖组相比，高糖组显著提高了酪蛋白的表达水平（图 4-1）。

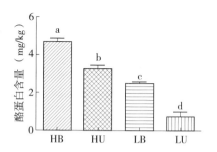

图 4-1　不同赖氨酸蛋氨酸配比模式和葡萄糖水平对奶牛乳腺上皮细胞酪蛋白含量的影响

采用 MTT 法和流式细胞仪技术研究了不同赖氨酸蛋氨酸配比模式和葡萄糖水平对奶牛乳腺上皮细胞增殖、周期和凋亡的影响，结果表明（表 4-1），高糖处理组对乳腺上皮细胞的增殖效果显著高于低糖处理组，赖氨酸蛋氨酸配比模式间没有显著差异；高糖组显著促进乳腺上皮细胞 G1 期、S期进程，促进细胞增殖；且低糖组显著促进细胞早期凋亡。

表 4-1　不同氨基酸配比模式和葡萄糖水平对乳腺上皮细胞增殖活性、

细胞周期和细胞凋亡影响

项目	试验处理				SEM	P 值		
	HB	HU	LB	LU		AA	Glu	AA×Glu
吸光值 OD590nm	1.5796[a]	1.5151[a]	0.8934[b]	0.8226[b]	0.1188	0.6251	0.0008	0.9814
相对生长率 RGR	1.9202[a]	1.8419[a]	1.0861[b]	1.0000[b]	0.1445	0.6251	0.0008	0.9814
细胞周期								
G0/G1	72.5800[a]	71.0300[a]	76.6000[b]	76.6500[b]	0.9476	0.1497	0.0003	0.1304
S	9.6950[a]	10.6750[a]	5.4300[b]	4.6700[b]	1.0122	0.8684	0.0012	0.2349
G2/M	17.6500	17.9300	17.6250	17.5450	0.4414	0.8990	0.0723	0.8198
细胞凋亡								
早期凋亡	22.6850[a]	10.7450[b]	27.8550[c]	13.1250[b]	2.6691	0.0003	0.0319	0.2983
晚期凋亡	17.3150	10.7900	15.4050	10.0950	1.4207	0.0550	0.5863	0.7965
死亡率	0.1750	0.1000	0.2000	0.1750	0.0254	0.4208	0.4208	0.6773

注：同行肩标不同字母表示差异显著（$P<0.05$），同行肩标相同字母表示差异不显著（$P>0.05$）

采用 Real Time-PCR 法研究了不同赖氨酸蛋氨酸配比模式和葡萄糖水平对酪蛋白合成关键基因表达的影响，结果表明：不同赖氨酸蛋氨酸配比模式和葡萄糖水平对奶牛乳腺上皮细胞酪蛋白合成的关键基因有显著的影响。与赖氨酸蛋氨酸失衡组相比，赖氨酸蛋氨酸平衡组显著上调了 αs2-酪蛋白（αs2-casein，CSN1S2）、β-酪蛋白（β-casein，CSN2）、α-乳清蛋白（α-lactalbumin，LALBA）、JAK2、STAT5、ets 结构域转录因子 5（ets domain transcription factor，ELF5）、mTOR 和 αs1-酪蛋白（αs1-casein，

CSN1S1)、κ-酪蛋白（κ-casein，CSN3）基因的表达，同时下调真核翻译起始因子 4E 结合蛋白 1（Eukaryotic translation initiation factor 4E binding protein 1，EIF4E-BP1）基因的表达。与低糖组相比，葡萄糖水平提高显著上调了 CSN1S2、CSN2、LALBA、STAT5、ELF5、mTOR（$P < 0.01$）和 CSN1S1（$P<0.05$）基因的表达。赖氨酸蛋氨酸配比模式与葡萄糖水平之间存在交互作用的影响，但是，赖氨酸蛋氨酸配比模式对酪蛋白基因及其合成关键信号通路上的相关基因的表达更敏感，葡萄糖水平对基因表达的调节较弱（表4-2）。

表4-2 不同赖氨酸蛋氨酸配比模式和葡萄糖水平对
奶牛乳腺上皮细胞基因表达的影响

项目	ΔCt（relative to internal control）				SEM	P 值		
	HB	HU	LB	LU		AA	G	AA×G
CSN1S1	11.4167[a]	11.9393[b]	11.6998[c]	12.2210[d]	0.0925	<0.0001	0.0009	0.9899
CSN1S2	12.3472[a]	13.4187[b]	12.8716[c]	14.7649[d]	0.2727	<0.0001	<0.0001	0.0002
CSN2	5.1758[a]	7.6790[b]	6.6365[c]	8.4148[d]	0.3685	<0.0001	<0.0001	0.0024
CSN3	12.1467[a]	12.3867[b]	12.0527[a]	12.5233[b]	0.0665	0.0026	0.8025	0.2005
LALBA	12.8005[a]	14.2475[b]	13.0454[c]	14.8162[d]	0.2530	<0.0001	0.0003	0.0447
JAK2	0.2267[a]	0.7233[b]	0.2867[a]	1.2533[c]	0.1250	<0.0001	<0.0001	0.0001
STAT5	8.7026[a]	9.4461[b]	9.5518[b]	9.9415[c]	0.1393	<0.0001	<0.0001	0.0556
ELF5	12.2179[a]	13.2475[b]	12.4549[c]	13.8859[d]	0.2003	<0.0001	<0.0001	0.0042
mTOR	0.4976[a]	0.6346[b]	2.2578[c]	2.7631[d]	0.2989	<0.0001	<0.0001	0.0022
EIF4EBP1	3.6033[a]	3.4407[b]	3.6277[a]	3.3501[b]	0.0385	0.0005	0.4245	0.1820

注：同行肩标不同字母表示差异显著（$P<0.05$），同行肩标相同字母表示差异不显著（$P>0.05$）

结果显示，提高葡萄糖水平与赖氨酸蛋氨酸配比平衡的组合方式可能直接通过促进乳腺上皮细胞增殖和调节酪蛋白合成转录相关基因表达，从而提高乳蛋白的合成。

二、日粮粗饲料与蛋白质源饲料组合技术

（一）日粮粗饲料品质调控技术

为比较玉米秸秆代替苜蓿时对奶牛乳蛋白合成的影响，研究选取 32 头

初产荷斯坦奶牛，根据产奶量和泌乳天数随机分为两组．每组 16 头，饲喂两组不同的日粮。MF 组含有 17.30% 的苜蓿和 18.77% 的玉米青贮，CS 组含有 36.07% 的玉米秸秆，两组精粗比均为 36：64，精料组成一致。试验共进行 15 周，前 2 周为适应期，后 13 周正试期。

　　试验结果表明（表 4-3），与 CS 组相比，MF 组干物质采食量每天提高了 4 kg；OM、CP、NDF、ADF 和 EE 的采食量和消化率也显著提高；MF 组乳产量、乳蛋白率和乳蛋白产量增加显著，但两组乳脂合成并未出现显著性差异；奶牛饲喂玉米秸秆代替苜蓿时，MCP 合成量的降低直接导致乳蛋白产量的降低和代谢蛋白（MP）的供给，降低了氮素的利用效率。

表 4-3　不同粗饲料来源日粮对乳蛋白和可代谢蛋白的影响

项目	日粮		SEM	P 值
	MF	CS		
干物质采食量（kg/d）	21.4	17.4	0.14	< 0.01
乳产量（kg/d）	30.5	23.1	0.90	<0.01
4% FCM[2]（kg/d）	31.6	24.5	0.89	<0.01
ECM[3]（kg/d）	34.9	26.1	0.78	<0.01
乳蛋白率（%）	3.66	3.32	0.07	<0.01
乳蛋白产量（kg/d）	1.11	0.77	0.03	<0.01
乳脂率（%）	4.46	4.38	0.13	0.65
乳脂产量（kg/d）	1.34	1.02	0.03	<0.01
乳糖率（%）	4.86	4.80	0.03	0.09
乳糖产量（kg/d）	1.47	1.13	0.04	<0.01
饲料转化率[4]（%）	1.47	1.32	0.04	<0.01
MCP[5]（g/d）	2905.7	1990.7	22.59	<0.01
IAMCP[6]（g/d）	1859.6	1274.1	14.46	<0.01
IDP[7]（% of RUP）	59.5	64.5	4.11	0.65
IADP[8]（g/d）	1579.8	1301.8	14.87	<0.01

(续表)

项目	日粮		SEM	P 值
	MF	CS		
MP[9] (g/d)	3701.5	2575.8	25.96	<0.01
MUN				
Blood (mg/dL)	15.9	16.6	0.54	0.09
Milk (mg/dL)	14.6	16.7	0.03	<0.01
N 转化率[10]	0.30	0.27	0.005	<0.01

注:[1] MF=以苜蓿和玉米青贮为主要粗饲料来源的 TMR;CS=以玉米秸秆为主要粗饲料来源的 TMR;

[2] 4%脂肪矫正乳=[0.4+15×milkfat(%)]×milk yield(kg/d);

[3] 能量矫正乳=[0.327×milk yield(kg)]+[12.95×fat yield(kg)]+[7.2×protein yield(kg)];

[4] 饲料转化率=乳产量/DMI;

[5] 根据尿嘌呤法估测 (Chen and Gomes, 1992);

[6] 可利用的微生物蛋白 IAMCP=MCP×0.64 (NRC, 2001);

[7] RUP 消化率 IDP,利用体外三步法进行测定 (Gargallo et al., 2006);

[8] 日粮提供的小肠可吸收蛋白 IADP=RUP×CP intake×IDP;

[9] MP=IAMCP+IADP;

[10] N 转化率=乳氮/食入氮

(二) 日粮粗饲料与蛋白质源饲料组合技术

以玉米秸秆、苜蓿干草和全株玉米青贮为粗饲料来源,以豆粕、膨化大豆及杂粕为蛋白质饲料源研究了奶牛日粮粗饲料及蛋白质来源对乳蛋白合成的影响,研究选用 48 头泌乳初期的荷斯坦奶牛,以玉米豆粕及优质粗饲料型日粮为基础,根据我国奶牛常用的玉米秸秆和杂粕型蛋白饲料,按照日粮能量和蛋白水平为试验处理设置 3 个等比水平,即混合粗饲料豆粕组 (MF:NEL=6.49 MJ/kg,CP=17.97%)、玉米秸秆豆粕组 (CSA:NEL=5.74 MJ/kg,CP=16.89%,利用玉米秸秆替换 MF 组优质粗饲料)和玉米秸秆杂粕组 (CSB:NEL=5.11 MJ/kg,CP=15.93%,利用杂粕蛋白替换 CSA 组的豆粕),采用完全随机试验设计。

通过 3 个月的饲养试验,结果表明 (表 4-4,图 4-2),与单一秸秆组相比,粗饲料组合可使产奶量提高 32%,乳蛋白含量达到 3.1%。当奶牛泌乳潜力超过 30 kg/d，在相同的精粗比例（精粗比=64∶36）和相同的精料水平条件下，奶牛饲喂玉米秸秆不能满足奶牛营养需要，造成产奶量和乳蛋白率降低；而在相同的粗饲料水平条件下（精粗比=64∶36），利用菜粕、棉粕等杂粕完全替代日粮中豆粕后（CSA 组与 CSB 组），会降低乳蛋白含量。粗饲料源显著影响了泌乳奶牛的采食行为，MF 组泌乳奶牛每天的有效采食次数和采食速率显著高于 CSA 组和 CSB 组。随着采食行为的变化，乳产量和乳蛋白含量也发生了改变，MF 组奶牛 DMI、产奶量、ECM、乳蛋白率、乳蛋白产量、乳脂肪产量和乳糖产量极显著高于 CSA 组和 CSB 组。

表 4-4　不同粗饲料与蛋白质来源奶牛生产性能及其乳品质变化

项目	试验处理			SEM	P 值		
	MF	CSA	CSB		TRT	WK	TR×WK
乳产量（kg/d）	31.7[a]	26.7[b]	26.2[b]	0.86	0.0001	<0.0001	<0.0001
饲料转化率 FCE（%）							
乳脂率（%）	4.44	4.46	4.39	0.11	0.89	0.10	0.26
乳蛋白率（%）	3.25	3.06	3.00	0.04	<0.0001	0.82	<0.0001
乳脂肪产量（kg/d）	1.41	1.23	1.22	0.04	0.0005	0.0004	<0.0001
乳蛋白产量（kg/d）	1.04	0.85	0.83	0.03	<0.0001	<0.0001	<0.0001

三、日粮能量水平和能量载体物质释放调控技术

为比较日粮不同能量水平和能量载体物质在瘤胃的释放速率对瘤胃 MCP 的合成量以及乳蛋白合成的影响，研究以玉米秸秆为粗饲料源，以日粮能量水平和能量载体物质瘤胃释放速率为试验处理，按照 2×2 析因安排试验，设计 4 种不同的日粮：采用日粮能量水平和来源两因素交叉试验设计，共获得 4 种日粮：低能普通玉米组（LE/GC）；低能蒸汽压片玉米组（LE/SFC）；高能普通玉米组（HE/GC）高能蒸汽压片玉米组（HE/SFC）。试验选用 8 头荷斯坦头胎奶牛作为试验动物，4 头奶牛安装永久瘤胃瘘管，试验采用 4×4 拉丁方设计，每期 21 d，预饲期 14 d，采样期 7 d。

图 4-2　三组日粮形态及其乳蛋白率变化情况

试验结果表明，与优质牧草苜蓿相比，玉米秸秆营养成分含量较低，不仅影响奶牛瘤胃乳头结构（图 4-3），而且因可发酵的碳水化合物含量过低，导致能量供应不足和微生物蛋白产量降低，降低奶牛合成乳蛋白的能力。针对玉米秸秆型日粮能量供应不足的缺陷，通过增加日粮中能量水平可以有效地提高乳蛋白的生产，但利用蒸汽压片玉米替换普通玉米，提高能量载体物质（主要指淀粉）供应方式，仅在日粮能量水平较低时对乳蛋白合成有显著的改善效果，日粮能量水平较高时，作用不明显（表 4-5）。

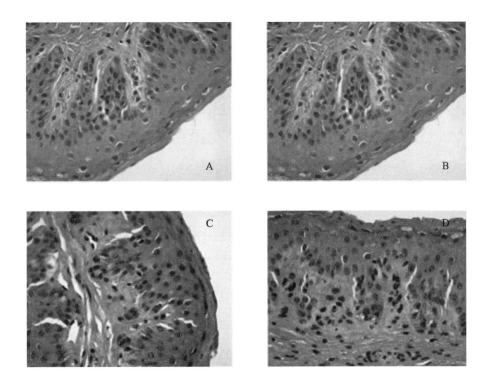

图4-3　奶牛瘤胃乳头结构显微结构（40×）

A. LEGC 组；B. LEFSC 组；C. HEGC 组；D. HEFSC 组

表4-5　不同能量来源和水平日粮对瘤胃 MCP 和乳蛋白含量的影响

项目	LE[1]		HE		SEM	P 值		
	GC	SFC	GC	SFC		NE[2]	D	NE×D
DMI（kg/d）	18.5[b]	17.5[b]	20.4[a]	21.7[a]	0.34	<0.01	0.72	<0.01
MCP[3]	1.25[c]	1.47[b]	1.53[a]	1.61[a]	0.07	<0.01	0.05	0.48
乳产量（kg/d）	23.3[c]	25.8[b]	27.4[a]	28.2[a]	0.33	<0.01	0.73	0.06
4%FCM[4]（kg/d）	23.8[c]	26.3[b]	29.0[a]	29.0[a]	0.37	<0.01	<0.01	0.01
ECM[5]（kg/d）	25.6[c]	28.3[b]	31.2[a]	31.2[a]	0.38	<0.01	<0.01	0.01
乳蛋白产量（kg/d）	0.72[c]	0.79[b]	0.84[ab]	0.88[a]	0.01	<0.01	<0.01	0.34
乳脂产量（kg/d）	1.00[b]	1.07[ab]	1.15[a]	1.11[ab]	0.02	0.02	0.64	0.15
乳糖产量（kg/d）	1.15[c]	1.25[bc]	1.33[ab]	1.35[a]	0.02	<0.01	0.04	0.22
乳成分								
乳蛋白率（%）	3.04[c]	3.14[a]	3.15[a]	3.19[a]	0.03	0.01	<0.01	0.55
乳脂率（%）	4.26	4.23	4.31	4.12	0.07	0.51	0.34	0.43

（续表）

项目	LE[1]		HE		SEM	P 值		
	GC	SFC	GC	SFC		NE[2]	D	NE×D
乳糖率（%）	4.90[b]	4.89[b]	4.93[ab]	4.95[a]	0.01	<0.01	0.70	0.40
总固形物（%）	13.3	13.2	13.3	13.0	0.11	0.20	0.78	0.93
非脂固形物（%）	8.76[b]	8.81[ab]	8.88[a]	8.93[a]	0.04	<0.01	0.10	0.88
体细胞数（10³/ml）	113	162	175	149	20.7	0.73	0.35	0.08
生产效率								
MY/DMI	1.33[b]	1.47[a]	1.38[b]	1.31[b]	0.04	0.05	0.21	<0.01
FCM/DMI	1.33[b]	1.49[a]	1.45[a]	1.33[b]	0.05	0.10	0.45	<0.01
ECM/DMI	1.45[b]	1.61[a]	1.58[a]	1.43[b]	0.05	0.08	0.38	<0.01

注：a、b 字母不同代表差异显著（$P<0.05$）；

[1] LE/GC＝含有玉米秸秆和普通玉米的 TMR；LE/SFC＝含有玉米秸秆和蒸汽压片玉米的 TMR；HE/GC＝含有玉米秸秆、青贮玉米和普通玉米的 TMR；HE/SFC＝含有玉米秸秆、青贮玉米和蒸汽压片玉米的 TMR；

[2] NE 代表日粮能量水平的影响作用，D 代表日粮能量来源的影响作用，NE×D 代表能量来源和水平的交互作用；

[3] MCP＝总嘌呤衍生物×70×6.25/（0.116×0.83×1 000）；

[4] %脂肪矫正乳（kg/d）＝0.4×乳产量（kg/d）+15×乳脂产量（kg/d）；

[5] 能量矫正乳（kg/d）＝0.327×乳产量（kg/d）+12.95×乳脂肪产量（kg/d）+7.65×乳蛋白产量（kg/d）

第二节　提高乳脂率及改善牛奶脂肪酸组成的营养调控技术

一、乳脂合成的脂肪酸限制性次序

（一）十八碳脂肪酸对乳脂合成的优先次序

十八碳脂肪酸是乳脂中的重要脂肪酸，为了探讨十八碳脂肪酸之间对乳脂合成的贡献，研究利用已建立的奶牛乳腺上皮细胞系为模型，通过体外添加不同浓度的硬脂酸、油酸、亚油酸及亚麻酸于 38℃培养 24 h；检测细胞增殖情况（MTT 法）及培养基中甘油三酯的含量，试验结果表明（图 4-4 和图 4-5），与对照组相比，添加 200 μmol/L、400 μmol/L 的硬脂酸、

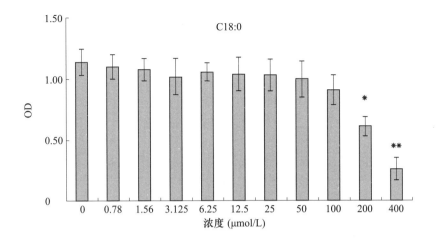

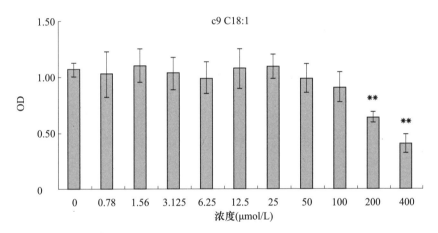

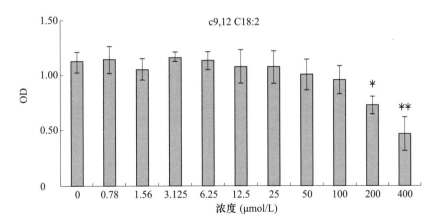

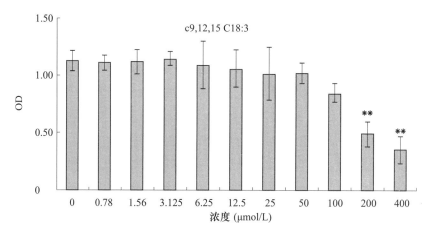

图 4-4　十八碳脂肪酸对奶牛乳腺上皮细胞增殖的影响

注：A、B、C、D 分别为 C18∶0、c9 C18∶1、c9，12 C18∶2、c9，12，15 C18∶3 的试验结果；∗ 代表处理与对照相比差异显著（$P<0.05$），∗∗ 代表处理与对照相比差异极显著（$P<0.01$）

油酸、亚油酸和亚麻酸均能显著或极显著抑制细胞的增殖，高浓度的硬脂酸、油酸、亚油酸和亚麻酸能抑制细胞增殖。在泌乳奶牛乳腺上皮细胞能耐受的范围内，甘油三酯的合成与各十八碳脂肪酸添加剂量呈正相关，并且乳腺上皮细胞能优先利用不饱和度高的十八碳脂肪酸合成乳脂。

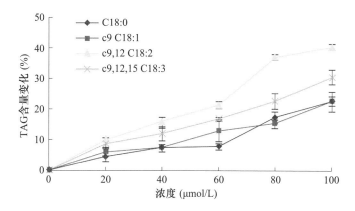

图 4-5　不同浓度十八碳脂肪酸对甘油三酯合成的影响

（二）中短链与长链脂肪酸对乳脂合成的优先次序

中短链脂肪酸和长链脂肪酸是乳脂合成的重要前体物。本研究选用 36

头泌乳中期荷斯坦奶牛研究了不同中短链脂肪酸和长链脂肪酸组合对乳脂合成的影响，以中短链脂肪酸（SM）和长链脂肪酸（L）的配比（20SM：80L，40SM：60L 和 60SM：40L）为试验处理，采用完全随机试验设计，试验期 9 周。

试验结果表明（表 4-6），增加日粮中中短链脂肪酸的比例能够线性增加乳脂含量，进而证实了中短链脂肪酸比长链脂肪酸更能有效的提高乳脂的含量。

表 4-6 不同比例中短链脂肪酸与长链脂肪酸对乳脂含量的影响

项目	处理			SEM[2]	P 值				
	20SM80L	40SM60L	60SM40L		处理	周	处理×周	线性	二次
DMI（kg/d）	16.29	16.10	15.99	0.12	0.26	<0.01	0.23	0.11	0.80
乳产量（kg/d）	23.55	23.99	21.85	0.97	0.26	0.02	0.49	0.25	0.27
3.5%FCM[3]（kg/d）	25.90	26.87	25.46	1.24	0.71	0.23	0.26	0.81	0.44
ECM[4]（kg/d）	26.62	27.35	25.75	1.24	0.66	0.24	0.25	0.63	0.45
生产效率（ECM/DMI）	1.72	1.59	1.51	0.10	0.37	0.15	0.02	0.17	0.85
乳脂率（%）	4.01	4.20	4.41	0.11	0.06	<0.01	0.07	0.02	0.96
乳脂产量（kg/d）	0.97	0.99	0.97	0.05	0.96	0.13	0.18	0.99	0.78
乳蛋白率（%）	3.46	3.43	3.48	0.04	0.74	0.81	0.47	0.73	0.48
乳蛋白产量（kg/d）	0.83	0.82	0.76	0.04	0.45	<0.01	0.34	0.23	0.69
乳糖率（%）	4.62	4.62	4.66	0.04	0.68	0.38	0.50	0.47	0.63
总固形物（%）	13.09[b]	13.26[ab]	13.55[a]	0.12	0.04	<0.01	0.19	0.01	0.68
非脂固形物（%）	9.00	8.95	9.07	0.05	0.30	0.21	0.67	0.34	0.20

注：同行肩标不同字母表示不同处理间差异显著；

[1] 20SM80L=添加 400g/d 的脂肪酸（FA）添加物，包含 20%的断链和中链脂肪酸（SMCFA）混合物以及 80%的长链脂肪酸（LCFA）混合物；40SM60L=添加 400g/d 的乳脂（butterfat）添加物，提供大约 40%的 SMCFA 和 60%的 LCFA；60SM40L=添加 400g/d 的脂肪酸（FA）添加物，包含 60%的 SMCFA 和 40%的 LCFA；

[2] SEM=最小二乘法标准误；

[3] 3.5%脂肪矫正乳 FCM（kg/d）= 0.432 × 乳产量（kg/d）+ 16.216 × 乳脂产量（kg/d）；

[4] 能量矫正乳 ECM（kg/d）= 0.327 × 乳产量（kg/d）+ 12.95 × 乳脂肪产量（kg/d）+ 7.65 × 乳蛋白产量（kg/d）

二、日粮碳水化合物平衡调控技术

日粮碳水化合物组成是影响乳脂率的重要营养物质基础，本试验旨在研究不同中性洗涤纤维与淀粉（NDF：Starch）比例日粮对奶牛乳脂合成及其脂肪酸组成的影响。试验选用 8 头荷斯坦头胎奶牛作为试验动物，4 头奶牛安装永久瘤胃瘘管，试验采用 4×4 拉丁方设计。每期试验 21 d，适应期 14 d，采样期 7 d。采用日粮中性洗涤纤维与淀粉比例（NDF：starch）表示日粮碳水化合物组成，通过改变日粮中燕麦草、玉米青贮以及玉米的比例，设计 4 种不同碳水化合物组成日粮：日粮 1（NDF：starch = 0.86）、日粮 2（NDF：starch = 1.18）、日粮 3（NDF：starch = 1.63）和日粮 4（NDF：starch = 2.34）。采用 4×4 拉丁方设计，每组 2 头奶牛（1 头瘘管牛，1 头非瘘管牛），每期试验 21 d，适应期 14 d，采样期 7 d。参照 NRC（2001）要求，按照胎次、体重、泌乳日龄和产奶量等指标配制日粮，通过日粮中燕麦干草和全株玉米青贮的含量以及玉米含量调整日粮中中性洗涤纤维（NDF）和淀粉（Starch）含量，以实现日粮 NDF：Starch 的不同梯度。

研究结果表明（图 4-6 和图 4-7），NDF：starch 比例可以用于反映日粮碳水化合物组成的综合营养评价指标，同时也可以作为瘤胃健康的风险评估指标以及氮素高效利用的评价指标。

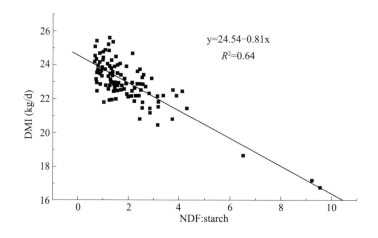

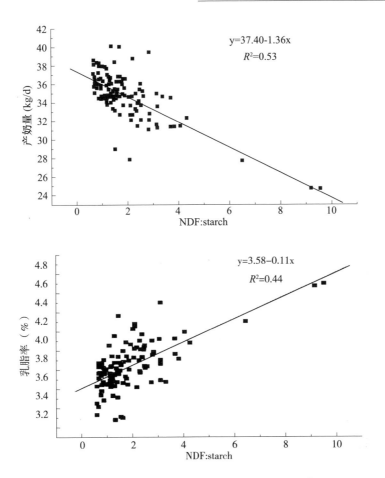

图 4-6　日粮中性洗涤纤维和淀粉比例与干物质采食量、
产奶量和乳脂率的关系

日粮 NDF：starch 比例与乳脂率（$R^2 = 0.44$，$P < 0.01$）呈显著正相关。随着日粮 NDF：starch 比值的升高，奶牛干物质采食量显著降低，乳脂率显著升高。奶牛的乳脂率随日粮中性洗涤纤维和淀粉比例的增加而升高，中性洗涤纤维和淀粉比例每增加 1 个单位，奶牛的乳脂率增加 0.11 个单位。

日粮 NDF：starch 比例能够作为调控瘤胃内环境的营养指标。随着日粮 NDF：starch 比例的增加，可改变瘤胃上皮细胞的组织形态学结构，使瘤胃上皮棘细胞层和基底层细胞厚度增加。

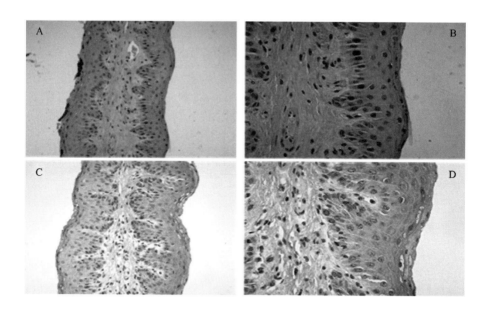

图 4-7　日粮 NDF：starch 比例对瘤胃乳头显微结构影响

注：日粮 1 组（A）×20 倍，日粮 1 组（B）×40 倍，日粮 4 组（C）×20 倍和日粮 4 组（D）×40 倍

已有研究表明奶牛瘤胃 pH 值低于 5.6 的时间大于 180 min/d，可判定为亚急性瘤胃酸中毒。日粮 NDF：starch 比例与奶牛瘤胃 pH 值每天低于5.6 的总时间存在明显的回归关系，随着日粮 NDF：starch 比例的升高，瘤胃平均 pH 值从 5.90 升至 6.26，瘤胃 pH 低于 5.6 时间从 276.3 min/d 缩短至 4.07 min/d，当 NDF：starch 比例低于 1.08 时，奶牛瘤胃 pH 值每天低于5.6 的总时间超过 180 min（表 4-7，图 4-8），存在发生亚急性瘤胃酸中毒的风险。

表 4-7　奶牛饲喂不同 NDF：starch 日粮对瘤胃 pH 值及乳脂率的影响

项目	处理				SEM	P
	0.76	1.06	1.52	2.26		
干物质采食量（kg/d）	23.2^a	21.7^{ab}	20.1^{bc}	18.3^c	0.15	<0.01
产奶量（kg/d）	33.2^a	33.0^a	31.4^b	28.3^c	0.13	<0.01
乳脂校正乳（kg/d）	32.2^a	32.5^{ab}	32^{ab}	29.2^c	0.12	<0.01
乳脂乳蛋白校正乳（kg/d）	32.2^a	32.2^a	31.4^a	28.5^c	0.42	<0.01
饲料转化率	1.42^b	1.51^a	1.52^a	1.51^a	0.01	<0.01

（续表）

项目	处理				SEM	P
	0.76	1.06	1.52	2.26		
体增重（g/d）	414.2	−96.5	117.7	−8.4	0.12	0.5581
乳成分（%）						
乳蛋白	3.20^a	3.11^a	3.06^{bc}	3.02^c	0.02	<0.01
乳脂肪	3.81^b	3.91^a	4.13^a	4.22^a	0.04	<0.01
乳糖	4.98	4.97	4.95	4.90	0.05	0.1800
乳固形物	12.96	12.96	13.13	13.18	0.02	0.2452
非脂固形物	9.10^a	9.00^{ab}	8.92^{bc}	8.83^c	0.01	<0.01
乳成分产量（kg/d）						
乳蛋白	1.06^a	1.02^b	0.96^c	0.85^d	0.01	<0.01
乳脂肪	1.26	1.28	1.30	1.19	0.01	0.0544
乳糖	1.65^a	1.63^a	1.55^b	1.40^c	0.01	<0.01
乳固形物	4.29^a	4.26^a	4.12^b	3.73^c	0.03	<0.01
非脂固形物	3.01^a	2.96^b	2.80^c	2.50^d	0.02	<0.01
Average pH	5.90^C	6.03^B	6.08^B	6.26^A	0.04	<0.01
Time<pH 5.6（min/d）	276.3^A	90.3^B	85.3^B	4.07^C	28.8	<0.01

注：trt1 至 trt4 组 NDF：starch：比例分别为 0.76、1.06、1.52 和 2.26；

同行肩标不同小写字母（a、b、c）表示差异显著（$P<0.05$），肩标不同大写字母（A、B、C）表示差异极显著（$P<0.01$）

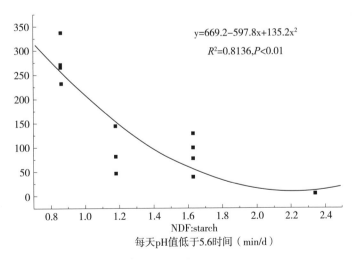

图 4-8　日粮 NDF：starch 比例与奶牛瘤胃 pH 值每天低于 5.6 总时间的关系

三、粗饲料组合利用技术

粗饲料是奶牛重要的营养来源，不同粗饲料组合影响奶牛咀嚼行为、瘤胃内环境和微生物功能，进而影响乳脂合成。研究选用45头泌乳荷斯坦奶牛（平均体重607 kg±55.6 kg，日产奶量为29.7 kg±4.7 kg）开展14周的饲养试验。参试奶牛随机分3组，TMR精粗比均为55∶45，每组TMR均包括15%青贮，粗饲料组合分别为苜蓿组（23%苜蓿+7%羊草），玉米秸秆组（30%玉米秸秆）和稻秸组（30%稻秸）。每日06∶00、12∶00和18∶00饲喂3次，饲喂前30 min挤奶。试验结束后每组随机屠宰6头奶牛采集全肠道食糜样品，分析相关指标。

研究结果表明（表4-8），在相同精粗比条件下，不同粗饲料组合TMR造成奶牛脂肪酸摄入量不同，影响乳脂合成。苜蓿型日粮（23%苜蓿+7%羊草）含有较低NDF，可降低奶牛瘤胃长链脂肪酸的氢化程度，提高小肠脂肪酸的吸收率，且乳中膳食结构脂肪酸C18∶1n9c，C18∶2n6c和C18∶3n3的日产量最高。

表4-8　不同粗饲料组合TMR对乳脂率的影响

项目	玉米秸秆组 CS	苜蓿组 AH	稻秸组 RS	SEM	P 值
DMI（kg/d）	18.2	18.0	18.0	0.18	0.64
总脂肪摄入量（g/d DM）	547.82	630.00	541.80	0.913	0.195
脂肪酸摄入量（g/d）					
C16∶0	135.02	142.52	134.10	8.628	0.761
C16∶1	1.25[b]	1.56[a]	0.67[c]	0.044	<0.001
C17∶0	1.18	1.22	1.36	0.057	0.158
C17∶1	0.14[b]	0.44[a]	0.14[b]	0.004	<0.001
C18∶0	44.28	46.07	42.99	1.080	0.211
C18∶1 n9t	1.77	1.76	1.82	0.109	0.930
C18∶1 n9c	57.77	65.87	55.24	4.506	0.293
C18∶2 n6c	69.96	78.07	68.98	3.945	0.277
C20∶0	2.87	2.89	2.91	0.078	0.924

（续表）

项目	玉米秸秆组 CS	苜蓿组 AH	稻秸组 RS	SEM	P 值
C18 : 3 n3	2.73[c]	3.73[a]	2.99[b]	0.064	<0.001
C20 : 2	0.83[b]	1.06[a]	0.82[b]	0.008	<0.001
C20 : 3 n6	0.61[b]	1.87[b]	0.61[b]	0.059	<0.001
MCFA	5.74[c]	11.86[a]	7.48[b]	0.2747	<0.001
LCFA	325.54	357.54	319.94	16.233	0.284
20PUFA	1.45[b]	2.93[a]	1.43[b]	0.055	<0.001
OCFA	5.19[c]	9.955[a]	6.50[b]	0.060	<0.001
SFA	196.34	216.20	196.66	8.001	0.213
USFA	143.40	153.22	140.10	9.177	0.602
牛奶总 FA	463.49[ab]	584.83[a]	434.76[b]	48.046	0.091

注：同行肩标不同字母（a、b、c）表示差异显著（$P<0.05$）

四、提高牛奶 ω-3 脂肪酸含量的营养调控技术

α-亚麻酸（ω-3 脂肪酸）是功能性脂肪酸，普通牛奶中含量很低。本研究以天然富集牛奶 ω-3 脂肪酸为目标。研究选取 48 头处于泌乳中期健康的荷斯坦奶牛，根据泌乳量、胎次和泌乳天数将其随机分成 4 组（n=12）。对照组（CON）饲喂基础日粮；橡胶籽油组（RO）在基础日粮干物质（DM）基础上添加 4% 的橡胶籽油；亚麻籽油组（FO）在基础日粮 DM 基础上添加 4% 的亚麻籽油；混合油组（RFO）在基础日粮 DM 基础上添加 2% 橡胶籽油和 2% 亚麻籽油。

结果表明（图 4-9），通过调控奶牛日粮中不饱和脂肪酸（添加橡胶籽油和亚麻籽油）不仅可以增加奶牛的产奶量，并可以通过提高乳脂中功能性脂肪酸（ALA）含量和降低饱和脂肪酸含量（降低心血管疾病的风险）来改善乳脂品质。

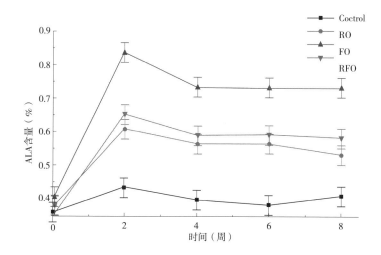

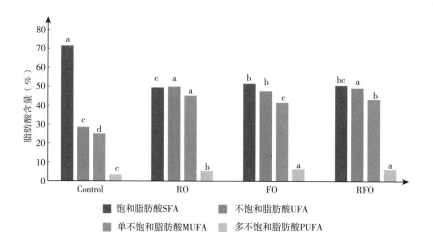

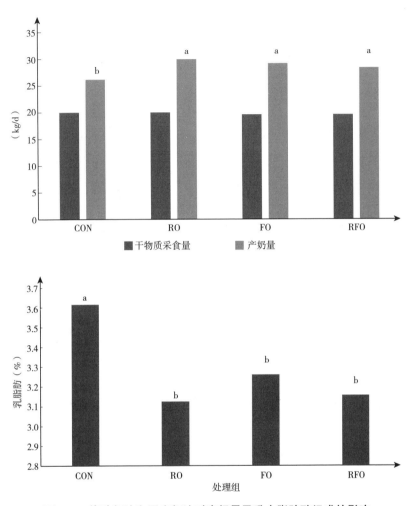

图 4-9　橡胶籽油和亚麻籽油对产奶量及乳中脂肪酸组成的影响

第三节　牛奶品质品鉴技术

一、不同奶畜乳的近红外光谱定性鉴别技术

探索了近红外光谱分析不同奶畜乳成分的方法，初步获得了水牛、奶

牛、牦牛、山羊乳的特征吸收峰；利用 DA7200 二极管矩阵近红外分析仪分别扫描获得了奶牛、牦牛和水牛乳的近红外光谱，乳样的光谱扫描范围为 950~1 650 nm。通过 Simplicity software 4.0 完成光谱数据的转换后，经过 MSE/RMSE 转换后删除异常值，利用多元回归软件中主成分分析方法分析处理数据。载荷图和得分图显示，前 3 个主成分（PC1、PC2 和 PC3）分别解释了校正集和验证集变化的 98.8% 和 98.7%，能够区分 3 个物种的乳样，PC1 解释了乳样在 1382nm 处的变化（牦牛样品的吸收峰），PC2 和 PC3 分别解释了光谱在 1454nm 和 1404nm 处的不同，分别是奶牛乳和水牛乳的吸收峰（图 4-10）。因此，奶牛、水牛和牦牛乳的近红外光谱可以通过多元变量分析得以辨别。

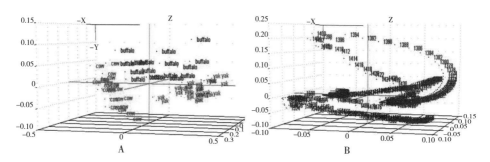

图 4-10　奶牛、牦牛和水牛乳光谱前 3 个主成分得分（A）及载荷（B）

二、不同种属乳气相色谱质谱定性鉴别技术

试验通过气相色谱质谱技术（GC-MS）测定奶牛、水牛、牦牛、娟姗牛、骆驼、马和山羊乳中奇数碳链支链脂肪酸（OBCFA），分析不同物种乳中 OBCFA 的表达模式。结果显示（图 4-11），PCA 可以很好的将牦牛乳和其他物种乳进行区分，而马乳、奶牛乳、骆驼乳和山羊乳的区分效果较好，但通过 PCA 无法将水牛乳和娟姗牛乳进行区分。在四种牛科类物种：奶牛、水牛、牦牛和娟姗牛乳脂肪中 OBCFA 组成中含量最高的均是 iso C15：0 和 C15：0；而在山羊乳则是 C15：0 和 anteiso C17：0；马和骆驼乳中则是 iso C15：0 和 anteiso C17：0，均呈现一个物种特异性。且所有物种乳中 anteiso C13：0 的含量均最低。无论是 OBCFA 总含量还是各组分

含量除了 anteiso C17：0 外，牦牛乳中含量最高，而 anteiso C17：0 的含量则略低于骆驼乳，马乳中的总 OBCFA 含量最低。

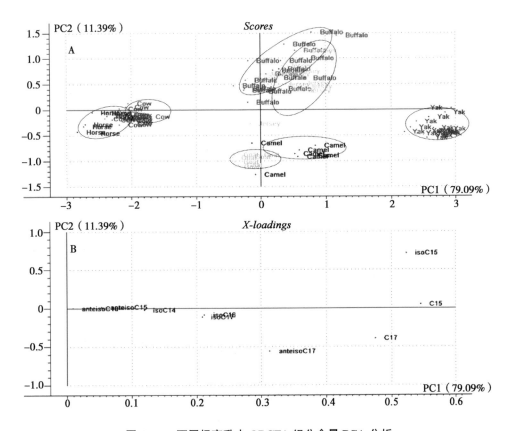

图 4-11 不同奶畜乳中 OBCFA 组分含量 PCA 分析

第五章 奶牛饲养低碳减排营养调控技术

第一节 碳氮同步优化型日粮调控技术

一、日粮蛋白质水平调控

奶牛对氮素利用效率较低。为了研究日粮蛋白质水平与氮素转化关系，选择 36 头荷斯坦后备奶牛，平均日龄为 273 d± 6.2 d，随机分为 3 组，每组 12 头，分别接受 3 种不同的日粮处理。通过调节日粮中蛋白能量饲料的添加比例设置 3 种试验日粮，分别为处理高蛋白组（High）、中蛋白组（Medium）和低蛋白组（Low）。High 组蛋白水平为 13.5%（接近前期调研值），Medium 组蛋白水平为 11.9%（符合 NRC 2001，体重 250~350 kg，日增重 800~1000 g），Low 组蛋白水平为 10.2%（接近中国饲养标准，NY/T 34-2004，体重 250~350 kg，日增重 800~1000 g）。三种日粮精粗比约为 30∶70，试验牛采用栓系式饲养，自由饮水，每天饲喂 3 次（06∶30，14∶00，20∶30），先饲喂青贮玉米，再饲喂混合精料，最后饲喂羊草。试验采用完全随机试验设计，试验期 9 周，其中 1 周预饲，正饲期 8 周。

试验结果表明（表5-1），随着日粮蛋白水平的提高，尿中尿素氮浓度增加。单纯提高日粮蛋白水平不能提高后备奶牛的采食量蛋白利用效率，反而引起尿氮排放量增加。当日粮蛋白浓度为 11.9%、代谢能为 10.30 MJ/kg时，即可使 8~10 月龄的后备奶牛日增重达到 0.9 kg/d，同时提高氮素利用效率。

表 5-1　日粮蛋白水平对后备奶牛粪尿氮排放的影响

项目	处理组			SEM	P 值
	Low	Medium	High		
粪					
鲜重（kg/d）	13.4	13.3	13.0	0.83	0.95
干物质（kg/d）	2.05	2.09	2.05	0.14	0.97
尿（kg/d）	4.29	5.21	4.91	0.53	0.49
粪尿鲜重总量（kg/d）	17.6	18.3	17.9	1.02	0.89
氮摄入（g/d）	111.3^c	127.2^b	150.8^a	2.29	< 0.01
粪氮（g/d）	40.7	40.5	40.6	2.06	0.99
尿总氮（g/d）	30.8^b	45.1^a	50.0^a	4.89	0.02
尿素氮（g/d）	11.0^b	15.1^{ab}	19.1^a	2.23	0.05

注：同行肩标不同字母（a、b、c）表示差异显著（$P<0.05$）

二、日粮营养添加剂调控

通过营养调控手段提高蛋白饲料的利用率，可节约饲料资源，减少奶畜饲养成本，同时降低环境污染。硝酸盐在奶牛瘤胃中还原成氨，然后被微生物利用合成微生物蛋白；活酵母可在瘤胃中定植，具有提高瘤胃微生物活性和氨氮利用率的作用。为了验证活酵母和硝酸盐是否协同优化瘤胃氮素代谢，进而影响奶牛泌乳性能。本试验选择胎次一致、分娩期接近的泌乳高峰期奶牛 12 头，随机区组分到 2 个处理组：对照组为尿素对照日粮；处理组为 1.5%硝酸钠+1%酵母组，通过改变玉米蛋白粉含量使 2 组日粮等能等氮。TMR 精粗比为 50：50，每天饲喂 3 次（06：00、14：00 和 21：30），自由饮水，每天挤奶 3 次（05：30、13：30 和 21：00）。为缓解硝酸盐日粮毒性作用，奶牛有 14 d 时间逐步适应日粮，第 1 周 1%硝酸盐，第 2 周 1.5%硝酸盐，第 3~4 周为预饲期，共 14 d，提前 4 d 进入智能环控代谢仓适应环境。研究结果表明，添加硝酸盐和活酵母对奶牛氨气排放量和泌乳性能无不利影响（图 5-1），且显著降低了牛奶中的体细胞数。

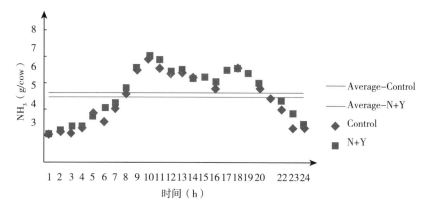

图 5-1　酵母和硝酸盐对奶牛氨气排放的影响

三、日粮碳水化合物平衡调控

通过日粮碳水化合物平衡调控研究其对日粮粗蛋白采食量、微生物蛋白、可代谢蛋白以及乳蛋白产量之间的相关性，以及氮的转化利用效率。试验选取 8 头泌乳奶牛作为试验动物，采用 4×4 重复拉丁方设计，每期试验 21 d，适应期 14 d，采样期 7 d。参照 NRC（2001）要求，按照胎次、体重、DIM 和 MY 等指标配制日粮，通过日粮中燕麦和青贮的含量以及玉米含量调整日粮中中性洗涤纤维（NDF）和淀粉（Starch）含量，以实现日粮 NDF：Starch 的不同梯度。

研究结果表明（图 5-2），随着日粮 NDF：starch 比例的增加，奶牛氮利用率发生显著变化，日粮粗蛋白转化为乳蛋白的效率呈现二次曲线变化，氮转化率先升高后降低，当日粮 NDF：starch 比例为 1.71 时，奶牛氮素利用效率最高；可代谢蛋白转化为乳蛋白的效率亦呈现先升高后降低的二次曲线变化趋势。

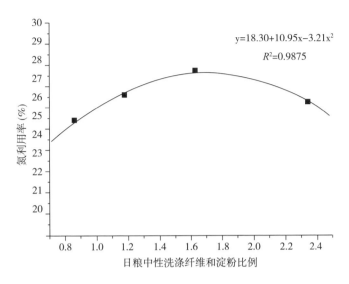

$$y=18.30+10.95x-3.21x^2$$
$$R^2=0.9875$$

图 5-2　不同中性洗涤纤维和淀粉比例日粮对奶牛日粮
粗蛋白转化为乳蛋白效率影响

第二节　奶牛在不同生产阶段和环境条件下甲烷排放规律

一、奶牛不同生理阶段甲烷排放规律

为了研究不同生理阶段奶牛甲烷（CH_4）排放规律，试验分 3 个阶段进行，每个阶段分别选取 4 头健康犊牛（BW，130 kg±2.8 kg）、青年牛（BW，400 kg±20 kg）和安装有永久性瘤胃瘘管的干奶期奶牛（BW，550 kg±50 kg）进行试验。在每个阶段，分别将 4 头奶牛随机置于 4 个环境控制舱（环控舱）中，饲以相应 TMR 日粮。调节环控舱温度为 25℃±1℃、湿度 40%±2%（THI＝70.7）。每阶段试验期 9 d。

研究结果显示（表 5-2），不同生理阶段奶牛随着年龄和体重增加，CH_4 排放量极显著增加；青年牛以 CH_4 形式释放的能量最多。干奶牛瘤胃液 pH 值显著高于青年牛，青年牛瘤胃液中总挥发性脂肪酸（tVFA）浓度最高，极显著高于犊牛和干奶牛。青年牛瘤胃液中乙酸与丙酸的比例极显著高于犊牛，显著高于干奶牛。随着奶牛年龄和体重的增长，CH_4 排放量极显著增长；青年牛以 CH_4 形式损失的能量占摄入总能量的比例最高，极显著高于犊牛，显著高于干奶期奶牛。

表 5-2 不同生理阶段奶牛气体排放（消耗）规律

项目	生理阶段			SEM
	犊牛	青年牛	干奶牛	
干物质采食量（kg/d）	4.9[A]	6.4[B]	10.5[C]	0.5
总能摄入量（MJ/d）	85.3[A]	111.9[B]	183.0[C]	8.5
甲烷能（MJ）	5.2[A]	10.4[Ba]	13.5[Bb]	0.8
气体（L/d）				
甲烷（CH_4）	130.64[A]	261.65[B]	340.52[C]	18.03
氧气（O_2）	1474.37[A]	3410.67[B]	4637.58[C]	203.34
二氧化碳（CO_2）	1398.19[A]	3207.44[B]	4463.45[C]	180.83
DMP［L/（kg·DMI/d）］	27.02[A]	41.80[Ba]	30.38[b]	3.08
EMP［L/（MJ·GEI/d）］	1.54[a]	2.36[b]	1.79[ab]	0.18
CMP［L/（L·CO_2/d）］	0.094[Aa]	0.081[b]	0.076[B]	0.003
CH_4 能/总能（CH_4E/GEI）	6.14[A]	9.40[Ba]	6.97[b]	0.69

注：DMP：单位采食量每天的 CH_4 排放量；DMP：Daily methane emissions of one DMI。EMP：单位总能摄入量每天的 CH_4 排放量；EMP：Daily methane emissions of one MJ GEI。CMP：单位 CO_2 排放量每天的 CH_4 排放量；CMP：Daily methane emissions of one L CO_2。同行数据肩标相同字母表示差异不显著（$P>0.05$），不同小写字母者表示差异显著（$P<0.05$），不同大写字母表示差异极显著（$P<0.01$）

二、奶牛不同生产环境条件下甲烷排放规律

（一）热应激条件下奶牛甲烷排放规律

本试验旨在研究不同程度热应激水平对奶牛甲烷排放量的影响。试验选取 4 头处于干奶期的中国黑白花荷斯坦奶牛，采用 4×4 拉丁方设计，选取 4 头装有瘤胃瘘管的干奶期荷斯坦奶牛，平均体重为 BW 550kg±50kg，每日 7：00 和 19：00 各饲喂 10 kg 全混合日粮。将 4 头试验牛分别置于 4 个代谢舱中，以气体分析仪对舱中气体样品进行连续测定，检测 CO_2 和 CH_4 产生量；每天晨饲前测定各头试验牛的采食量；每个试验期的最后一

天晨饲前，采集每头牛的瘤胃液各 100 ml，从中取出经过 4 层纱布过滤和不过滤者各 20 ml，−20℃ 保存。每期试验结束后，将牛置于准备间中饲养 3~4 d，使其采食量恢复至本底水平，以消除热应激对下一期试验的影响。利用呼吸代谢舱检测温湿度指数分别为 66、72、78 和 84 条件下的甲烷产生量。代谢舱的温控范围为 15~40℃，相对湿度范围 25%~85%，光照：0~800 lx，连续可调；气体流量计，量程为 3000 LPM，配套有 Oxymax 气体分析仪（Columbus Instruments，US），可检测 O_2、CO_2 和 CH_4 浓度，检测时间为 0.5 min，每个代谢舱内的气体每隔 10 min 检测一次。

试验结果显示，荷斯坦奶牛在热应激状态时，CO_2 和 CH_4 排放量均显著下降，单位饲料干物质所产生的甲烷量显著升高。THI 由 66 升至 72，奶牛采食量（DMI）没有显著性变化；THI 达到 78 时，DMI 下降 24%；而当其升高到 84 时，DMI 降低 43%。随着 THI 的升高，CO_2 排放量（CDP）显著降低，但 THI 由 78 升高至 84 时，CDP 不再变化。CH_4 排放量（MP）亦随着 THI 的升高而显著降低，在 THI 72、78 和 84 时，相对 THI 66，MP 分别下降了 4.5%、11.9% 和 18.7%。THI 为 72 时，每千克饲料所产生的 CH_4 量（NMP）最低，为 46.7 L/（kg·d）；当 THI 升至 78 时，NMP 增加了 47%，而其后 NMP 不再随 THI 的升高而变化。随着 THI 的升高，CH_4 与 CO_2 的比例（MP/CDP）不断下降（表 5-3）。

表 5-3　环境温湿度指数对奶牛采食量、CO_2 和 CH_4 排放量的影响

T	THI	DMI（kg/d）	CDP（L/d）	MP（L/d）	NMP［L/（kg DM·d）］	MP/CDP（%）
1	66	8.4±0.55[a]	3270±17.3[a]	256±2.0[a]	32.1±0.43[b]	7.71±0.033[a]
2	72	8.4±0.55[a]	3207±18.4[b]	244±2.1[b]	29.6±0.46[c]	7.61±0.035[b]
3	78	6.3±0.55[b]	3132±18.1[c]	225±2.1[c]	43.6±0.45[a]	6.94±0.035[c]
4	84	4.4±0.56[c]	3151±18.7[c]	208±2.2[d]	44.7±0.47[a]	6.31±0.036[d]
	P	**	**	**	**	**

注：T：处理组；CDP：CO_2 排放量；MP：CH_4 排放量；NMP：单位采食量的 CH_4 排放量；**：$P<0.01$。同列肩标不同小写字母（a、b、c）表示差异显著（$P<0.05$）

在此基础上，进一步研究发现热应激奶牛（体重 531 kg±1.88 kg）的

甲烷排放量随日粮净能水平提高而下降的趋势（表 5-4）。

表 5-4　日粮能量水平对热应激奶牛甲烷排放的影响

项目	NE-6.15	NE-6.36	NE-6.64	NE-6.95	NE-7.36
产奶量（kg/d）	26.5	26.9	28.8	27.7	27.1
总能采食量（MJ/d）	335.4	341.1	348.8	355.1	359.4
消化能采食量（MJ/d）	221.0	224.5	228.7	231.3	234.3
代谢能采食量（MJ/d）	185.0	190.0	194.2	197.1	200.1
甲烷排放（g/d）	455.55	430.73	424.05	410.82	409.18
甲烷排放（kg/yr）	166.28	157.22	154.78	149.95	149.35
CH_4/GE（g/MJ）	1.36	1.26	1.22	1.16	1.14

（二）不同季节奶牛甲烷排放量变化规律

为进一步明确不同季节奶牛甲烷的排放量差异，试验分春季和冬季两期，每期分别选取产奶牛 12 头，冬季产奶牛平均代谢体重为 102.57 kg，春季平均代谢体重为 104.45 kg。每期将奶牛置于呼吸代谢室测定甲烷排放量。每天定时定量喂料，喂料时间为早 5：30，晚 16：00，自由饮水。预饲期 2 d，正式期 2 d。

研究发现（表 5-5），干物质采食量 DMI（X，kg）与其 CH_4（Y，g）产量存在回归关系（$Y = 22.361X + 30.764$，$R^2 = 0.8922$，$P < 0.0001$，n = 26）。每单位干物质采食量一定情况下，冬季产奶牛 CH_4 排放量低于春季。

表 5-5　不同季节产奶牛甲烷排放量

项目	冬季	春季
产奶量（kg/d）	15.8 ±5.02[a]	12.2±6.62[a]
DMI（kg/d）	13.6±1.41[a]	14.9±2.22[a]
CH_4（g/day）	248.97±28.20[a]	362.79±77.50[b]
ADFI（kg/d）	3.62±0.36[a]	4.13±0.63[a]
NDFI（kg/d）	6.20±0.72[a]	6.50±1.10[a]
CPI（kg/d）	1.58±0.18[a]	1.64±0.28[a]
GEI（MJ/d）	2.25±0.23[a]	2.46±0.37[a]
CH_4/kg DMI	18.31	24.35

注：同行肩标不同字母（a、b、c）表示差异显著（$P<0.05$）；相同字母（a、b、c）表示差异不显著（$P>0.05$）；表中数据为平均值±标准差

（三）不同日粮模式下瘤胃甲烷菌的变化

为了揭示日粮模式对甲烷生成的影响，首先利用 mcrA 引物，构建了 3 种日粮模式，即混合粗饲料豆粕组（MF）、玉米秸秆豆粕组（CSA，利用玉米秸秆替换 MF 组优质粗饲料）和玉米秸秆杂粕组（CSB，利用杂粕蛋白替换 CSA 组的豆粕）建立了这 3 种日粮模式下奶牛饲喂前和饲喂后瘤胃产甲烷菌 mcrA 文库 6 个，从中挑取克隆 639 个，并进行测序。通过 Mothur 软件分析后，共生成 25 个 OTU，其中有大约 60% 的 OTU 在不同粗饲料和粗蛋白日粮组共有。饲喂秸秆日粮后，瘤胃产甲烷菌多样性和丰富度均有所提高。构建系统发育树分析后发现，饲喂秸秆日粮后瘤胃中主要的产甲烷菌来自于产甲烷杆菌目和未培养产甲烷菌（RCC）。通过主成分分析后（图 5-3），发现饲喂前 MF 与 CSA 组甲烷菌群落相近，但与 CSB 组差异较大；饲喂后 3 个处理组的甲烷菌群落差异均较大；饲喂前和饲喂后甲烷菌群落也存在差异。这表明饲喂混合杂粕日粮可显著降低瘤胃甲烷菌数量，饲喂秸秆日粮可提高瘤胃甲烷菌群落多样性。

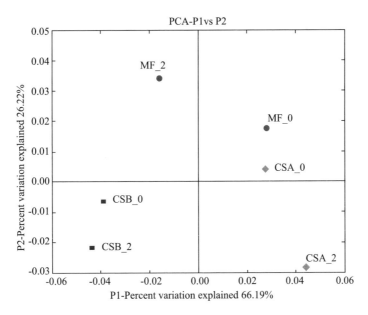

图 5-3　产甲烷菌群落主成分分析

三、根据饲料体外瘤胃发酵预测瘤胃甲烷产量的方法

饲料（精饲料和粗饲料）碳水化合物在瘤胃微生物作用下降解生成 VFA 的过程中通常伴随着复杂的氢（电子载体）的生成与消耗过程，一部分溶解氢气被甲烷菌利用合成 CH_4。

本研究选用 10 种常用的饲料（6 种粗饲料和 4 种精饲料），实测其化学成分组成和体外瘤胃发酵参数，在前人提出 VFA 产量预测 CH_4 气体产量的化学计量模型（CH_4 预测产量的计算公式：$CH_4(mol)=RH/8=0.5Ace-0.25Pro+0.5But-0.25Val$）基础上，通过优化参数（图 5-4），建立了利用 VFA 产量预测 CH_4 气体产量的化学计量新模型 [$CH_4(mol)=0.8\times(0.5Ace-0.25Pro+0.5But-0.25Val)$]。

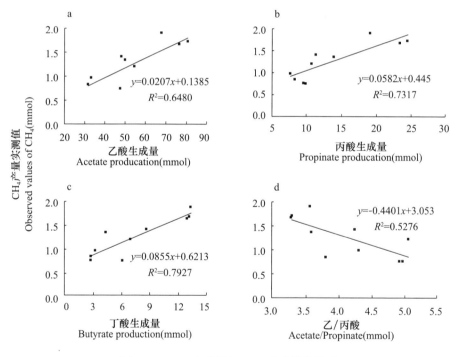

图 5-4 VFA 生成量与 CH_4 生成量的关系

注：a~d 分别代表乙酸、丙酸、丁酸（mmol）和乙/丙酸比与 CH_4 生成量（mmol）的相关性

运用新模型的 CH_4 预测值和实测值相比，偏差、斜率和随机误差分别

2.06%、5.67%和92.27%，固定误差<10%。和原模型相比，新模型CH_4产量预测值与实测值间的偏差明显降低（图5-5），模型的预测精度大大提升，为估算反刍家畜胃肠道CH_4排放量提供方法支持。

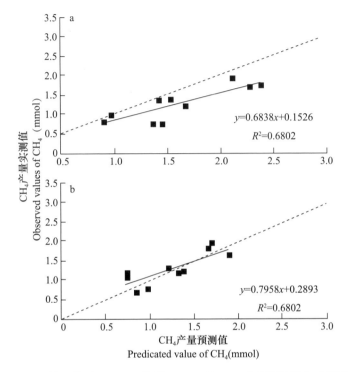

图5-5　基于模型1（a）、模型2（b）的CH_4产量预测值与实测值

注：黑色实线：CH_4产量预测值与实测值的回归线黑色虚线是1∶1的标准线。模型1，$CH_4（mol）=0.5Ace-0.25Pro+0.5But-0.25Val$；模型2，$CH_4（mol）=0.8×（0.5Ace-0.25Pro+0.5But-0.25Val）$

第三节　降低甲烷排放的营养调控技术

一、植物提取物调控奶牛瘤胃甲烷生成

（一）具有降低甲烷排放潜力的香料

利用开放式呼吸测热系统，研究了日粮中添加纤维素酶、茶皂素对牛、

羊胃肠道甲烷排放的影响，结果表明，这些添加剂均不能有效降低动物胃肠道甲烷的排放量。通过体外产气实验法，研究了中国食用香料、中国医用香料等共84种植物及其提取物对动物胃肠道甲烷排放的影响，经反复筛选验证，获得以下具有降低奶牛胃肠道甲烷排放的植物（表5-6）。

表5-6　具有降低奶牛消化道甲烷排放潜力的植物提取物

植物名	相对于对照组降低甲烷量（%）
花椒	60.65
陈皮	51.37
女贞子	45.32
槟榔	32.14
连翘	25.99
六神曲	25.95
大青叶	25.01
丁香	24.87
虎杖	21.96
肉豆蔻	21.76
何首乌	21.17
蒲公英	20.44
青蒿	20.37
红花、马齿苋和郁金共3种	<20%
地榆、车前草等共10种植物	<10%

（二）植物精油抑制瘤胃甲烷生成

利用体外产气法比较研究了不同添加水平的茶树油、肉桂油、丁香油对瘤胃甲烷产量的影响。采用完全随机设计，3种植物精油的4个添加水平随机分为12个组，同时设不添加植物精油为空白对照组，每组5个重复。茶树油和丁香油的50、100、300、1000 mg/L以及肉桂油的100、300、500、1500 mg/L发酵液的添加水平分别表示为Tea50、Tea100、Tea300、Tea1000，Clo50、Clo100、Clo300、Clo1000和Cin100、Cin30 0、Cin500、Cin1500。

结果表明（表5-7），3种植物精油处理组较对照组相比均趋于降低

CH$_4$ 浓度，其中高剂量组（Tea1000、Cin500、Cin1500 和 Clo1000）CH$_4$ 浓度显著降低。3 种植物精油降低 CH$_4$ 的程度存在剂量效应，均随着添加水平的增加而增大。3 种植物精油之间，肉桂油降低 CH$_4$ 浓度幅度最大，其次是茶树油。与对照组相比，茶树油和肉桂油的 4 种添加剂量使 CH$_4$ 浓度分别降低 4.7%、11.8%、23.1%、47.6% 和 26.9%、26.8%、51.7% 和 67.8%。

表 5-7　植物精油添加水平对瘤胃 CH$_4$ 浓度的影响

添加物	剂量（mg/L）	GP72	b	c（h-1）	CH$_4$ 浓度（%）
		(mg/g DM)			
茶树油 Tea	0	147.1^a	151.6^b	0.078^e	19.4^a
	50	145.9^a	148.4^c	0.091^b	18.5^a
	100	151.4^a	157.4^a	0.085^d	17.1^a
	300	144.5^a	151.0^b	0.087^c	15.0^{ab}
	1000	114.3^b	123.0^d	0.100^a	10.2^b
	SEM	3.91	0.24	0.0002	1.16
	P	0.01	<0.01	<0.01	<0.01
肉桂油 Cin	0	147.1^a	151.6^a	0.078^b	19.4^a
	100	143.8^a	133.8^b	0.078^b	14.2^{ab}
	300	130.0^{ab}	128.6^c	0.071^c	14.2^{ab}
	500	118.7^b	120.5^d	0.065^d	9.4^b
	1500	53.5^c	54.1^e	0.113^a	6.3^b
	SEM	7.93	0.35	0.0003	1.43
	P	<0.01	<0.01	<0.01	0.03
丁香油 Clo	0	147.1^a	151.6^b	0.078^e	19.4^a
	50	138.8^{ab}	144.9^d	0.087^b	19.0^a
	100	150.3^a	154.0^a	0.086^c	18.9^a
	300	133.5^{ab}	146.6^c	0.085^d	17.9^a
	1000	123.9^b	137.8^e	0.093^a	11.6^b
	SEM	2.99	0.17	0.0001	1.00
	P	0.02	<0.01	<0.01	0.05

注：同列肩标不同字母表示不同处理间差异显著（$P<0.05$），相同或无字母表示差异不显著（$P>0.05$）

二、日粮添加有机酸（延胡索酸）降低甲烷排放

应用环控代谢室研究不同 CBI 和延胡索酸水平对反刍动物甲烷产量，结果表明（表5-8），日粮添加延胡索酸组显著提高瘤胃 pH，有助于维持瘤胃环境的稳定，发酵产生的氢可生成丙酸，使得甲烷生成所需要的有效氢量减少，可以显著降低甲烷总产量和单位甲烷产量。

表 5-8　不同 CBI 和延胡索酸水平对奶畜甲烷产量、瘤胃 pH 值和 NH_3-N 的影响

| 日粮 | 高 CBI | | 低 CBI | | SEM | *P* 值 | | |
延胡索酸（g/d）	0	24	0	24		日粮	延胡索酸	日粮×延胡索酸
甲烷（L/d）	22.84	18.75	23.15	15.80	1.079	0.552	0.021	0.466
甲烷（L/kg DM）	20.94	21.03	17.95	14.54	0.880	0.365	0.020	0.341
pH 值	6.41	6.51	6.44	6.52	0.027	0.887	0.020	0.817
氨态氮（mg/100mL）	21.74	25.94	21.13	23.69	0.772	0.031	0.357	0.599

三、饲用微生物调控奶牛瘤胃甲烷生成

（一）益生菌对奶牛瘤胃体外发酵参数及甲烷的调控作用

以产朊假丝酵母（*Candida utilis*）、酿酒酵母（*Saccharomyces cerevisiae*）、以及热带假丝酵母（*Candida tropicalis*），地衣芽孢杆菌（*Bacillus licheniformis*）及枯草芽孢杆菌（*Bacillus subtilis*）为试验材料，活菌数浓度均为 $1×10^{11}$ cfu/g。以玉米秸秆和稻秆为发酵底物。以 3 头体况良好、年龄相同（3 胎次）、体重相近（500kg±50kg），安装永久瘤胃瘘管的荷斯坦奶牛为试验动物。3 种酵母菌均设置 4 个添加水平，两种芽孢杆菌均设置 4 个添加水平，采用体外产气法研究酵母菌及芽孢杆菌对甲烷产量的影响。

不同粗饲料中添加酵母菌和芽孢杆菌可改变瘤胃发酵进而影响瘤胃甲烷的生成（表5-9）。产朊假丝酵母能提高粗饲料产气量，并加快发酵初期粗饲料的降解，显著地增加体外发酵 CH_4 的生成，但 CH_4 产量随着添加水平的升高呈先增加后减少的趋势。粗饲料中添加地衣芽孢杆菌时，甲烷产量要低于枯草芽孢杆菌。添加 $0.75×10^7$ cfu 水平的枯草芽孢杆菌可显著减

少玉米秸秆体外发酵的 CH_4 产量，但对降低水稻秸秆 CH_4 产量的作用不明显。

表 5-9　不同酵母的不同添加水平对粗饲料体外发酵甲烷产量的影响

处理	Level （×10⁷cfu）					SEM²	P^3		
	Mean1	0	0.25	0.50	0.75		Strain	Level	S×L
甲烷产量（ml/g 底物）									
玉米秸									
产朊假丝酵母	4.96^g	4.07^c	4.80^b	5.61^a	5.38^a	0.162	$P<0.01$	Q（$P<0.01$）	$P<0.01$
酿酒酵母	6.94^e	6.03^b	6.57^a	6.45^{ab}	6.03^b			Q（$P<0.01$）	
热带假丝酵母	6.27^f	6.30^b	7.06^a	7.29^a	7.09^a			Q（$P<0.01$）	
SEM⁴	0.081								
地衣芽孢杆菌	6.90^f	6.82	6.87	7.20	6.69	0.190	$P<0.01$	Q（$P<0.05$）	NS
枯草芽孢杆菌	7.47^e	7.41^a	7.47^a	7.80^a	7.22^b			NS	
SEM⁴	0.095								
水稻秆									
产朊假丝酵母	3.36^g	2.71^b	3.08^b	3.64^a	4.01^a	0.138	$P<0.01$	L（$P<0.01$）	$P<0.01$
酿酒酵母	4.56^f	4.58	4.59	4.61	4.46			NS	
热带假丝酵母	4.87^e	4.53^b	4.98^a	4.96^a	5.00^a			NS	
SEM⁴	0.069								
地衣芽孢杆菌	4.79^f	4.72^{ab}	5.12^a	4.92^{ab}	4.41^b	0.180	$P<0.01$	Q（$P<0.05$）	NS
枯草芽孢杆菌	5.37^e	5.34^{ab}	5.74^a	5.45^{ab}	4.96^b			Q（$P<0.05$）	
SEM⁴	0.090								

注：a~d 同行数据肩标不同者之间差异显著（$P<0.05$），若含有相同肩标则表示差异不显著（$P>0.05$）；e~g 同列数据肩标不同者亦表示差异显著（$P<0.05$），若含有相同肩标则表示差异不显著（$P>0.05$）。1Mean 表示每种酵母菌包括 0 添加水平在内的不同添加水平之间的平均值；0 表示不添加酵母菌的空白对照。2 表示酵母菌与添加水平之间交互作用的标准误差。3 L、Q、C 分别表示添加水平的一次、二次、三次效应；S×L 表示酵母菌与添加水平之间的交互作用。4 表示包括 0 添加水平在内的酵母菌合并平均值的标准误差

（二）酵母和硝酸盐对泌乳奶牛甲烷排放的影响

降低奶牛甲烷排放可提高奶牛的能量利用。硝酸盐作为一种氢受体可与甲烷菌竞争性利用氢，降低甲烷排放造成的能量损失。活酵母对甲烷排放量具有菌种效应。本研究利用环控代谢实验室研究了同时添加酵母和硝

酸盐对甲烷排放的影响。研究表明（表5-10），同时添加酵母和硝酸盐可显著降低奶牛每日甲烷排放量和每单位泌乳量对应的甲烷排放量，提高了饲料总能的利用。研究结果可为降低瘤胃能量损失，提高奶牛对日粮能量的总体利用率，改善泌乳性能，提供技术参考。

表 5-10　酵母和硝酸盐对奶牛甲烷排放的影响

项目	对照组	硝酸盐+酵母	P 值
DMI（kg/d）	15.32	15.03	0.126
CH_4 [g/（cow·day）]	347.2	302.8	0.025
CH_4（g/kg DM）	22.75	20.13	0.043
CH_4（g/kg milk）	18.10	15.92	0.009
CO_2 [kg/（cow·day）]	11.66	11.32	0.103

项目组对3家陕西典型奶牛场围产期奶牛与泌乳高峰期奶牛进行营养检测，研究结果表明（表5-11），部分牧场或牛舍存在乳成分不达标、日粮 peNDF 和 CBI 不符合推荐标准、能氮不平衡和瘤胃酸中毒等问题，严重制约奶牛生产性能和养殖效益。以陕西某典型奶牛场泌乳奶牛营养检测为例，由表5-11可知，各群泌乳牛 peNDF1.18 变异很大，仅个别牛群的 peNDF 在推荐范围内。因此，通过调整 TMR 日粮的各筛程比例以及 NDF 含量从而调整 peNDF 达到适宜范围，尤其降低第一层比例。

表 5-11　不同泌乳水平中国荷斯坦奶牛 TMR 日粮颗粒度分布 （%）

牛舍	19 mm	8 mm	1.18 mm	Pan	pef1.18	peNDF1.18
1	12.06±1.84	32.25±2.29	31.96±0.85	23.73±3.12	0.76±0.03	21.68±0.89
2	19.35±2.36	35.64±1.97	28.26±0.87	16.74±2.42	0.83±0.02	23.16±0.67
3	21.10±2.23	31.02±1.62	33.69±2.10	14.19±1.55	0.86±0.02	28.23±0.51
4	24.19±4.51	26.95±1.40	29.26±2.16	19.60±1.79	0.80±0.02	24.63±0.55
5	18.71±2.86	36.97±1.79	27.97±2.03	16.35±2.98	0.84±0.03	27.36±0.97
6	31.55±3.32	28.08±2.75	24.96±1.32	15.40±1.26	0.85±0.01	28.30±0.42

第六章 不同地区规模化奶牛场
玉米青贮质量分析

中国人民共和国国民经济和社会发展第十三个五年规划纲要中明确提出推广粮改饲和种养结合模式，发展农区畜牧业，粮改饲政策推动了粮食去库存，解决了玉米"三量齐增"问题，推进了农业结构调整，实现了"降成本、补短板"的目标，促进了农牧结合、种养加一体化、一二三产业融合发展。为了进一步深化农业供给侧结构性改革，推进质量兴农，引导科学种植、制作、评价和利用优质青贮饲草料，提升畜牧业质量，2018年在全国开展粮改饲的试点17个省（区）274个试点县采集293家牧场青贮饲草料样品，分析了293个样品。中国农业科学院北京畜牧兽医研究所联合地方行业主管部门分别在京津冀、黑龙江农垦、山东等地区，举办了"粮改饲—优质青贮行动计划（GEAF）京津冀行、龙江行、齐鲁行培训会"，对天津七个区县21家牧场、黑龙江农垦32家牧场、山东17家牧场青贮样品进行检测评价，提高了这些地区牧场对青贮饲草料质量的认识，有助于改进青贮饲草料制作工艺，提高优质青贮饲草料比例，降低奶牛养殖成本，提高效益。

全株玉米青贮是能够长期保存玉米营养成分最经济、方便、有效的一种储存方法，而且在青贮以后颜色黄绿、气味酸香、柔软多汁且适口性好，能促进动物消化液的分泌和肠道的蠕动，增强食欲，从而增强消化功能，提高动物对饲料营养物质的摄入。目前全株玉米青贮饲料是奶牛极其重要的粗饲料来源，也是构成奶牛日粮营养的基础。近红外光谱技术（NIDRS）具有样品制备简单、分析快、测量方便和重复性好等优点，非常适用于植物多组分的快速测定与分析，目前在国外已成为分析农作物品质的重要手段。

近年来，随着我国奶牛场规模化程度和精细化管理水平的提高，奶牛场对粗饲料的品质要求也越来越高，而提高全株玉米青贮品质则是提高粗饲料的一个重要方向。目前，关于中国玉米青贮的整体水平如何、各个地区青贮存在哪些差距的相关报道较少。本试验采用近红外光谱技术研究 8 个省份 34 家牧场青贮玉米品质状况，对各地区玉米青贮质量进行综合分析，旨在为提高各地区青贮品质提供理论基础。

一、材料与方法

1. 试验材料

2017 年 6 月 10 日—25 日分别在北京、天津、内蒙古、河北、宁夏、上海、山东、安徽 8 省 34 家牧场取样，各牧场取样的情况如表 6-1。

表 6-1　各牧场取样情况

序号	取样地点	牧场编号	发育期	青贮方式	取样时间	是否揉搓
1	北京	BS1	蜡熟期	窖贮	6 月 21 日	否
2	北京	BS2	蜡熟期	窖贮	6 月 21 日	是
3	北京	BS3	蜡熟期	窖贮	6 月 21 日	否
4	天津	TJ1	蜡熟期	窖贮	6 月 20 日	无
5	天津	TJ2	蜡熟期	窖贮	6 月 20 日	无
6	内蒙古	NX1	蜡熟期	窖贮	6 月 16 日	无
7	内蒙古	NX2	蜡熟期	窖贮	6 月 21 日	是
8	内蒙古	NR1	蜡熟期	窖贮	6 月 13 日	是
9	内蒙古	NR2	蜡熟期	窖贮	6 月 13 日	是
10	内蒙古	NR3	蜡熟期	窖贮	6 月 13 日	是
11	内蒙古	NR4	蜡熟期	窖贮	6 月 15 日	是
12	内蒙古	NK1	蜡熟期	堆储	6 月 16 日	否
13	内蒙古	NK2	蜡熟期	堆储	6 月 16 日	否
14	内蒙古	NK3	蜡熟期	堆储	6 月 16 日	是
15	内蒙古	NM1	蜡熟期、完熟期	窖贮	6 月 14 日	是
16	内蒙古	NM2	蜡熟期	窖贮	6 月 15 日	是
17	内蒙古	NM3	蜡熟期	窖贮	6 月 15 日	否
18	内蒙古	NF1	蜡熟期	窖贮	6 月 14 日	是
19	内蒙古	NF2	蜡熟期	窖贮	6 月 14 日	是
20	内蒙古	A1	蜡熟期	窖贮	6 月 20 日	是

（续表）

序号	取样地点	牧场编号	发育期	青贮方式	取样时间	是否揉搓
21	宁夏	NF3	蜡熟期	窖贮	6月19日	是
22	宁夏	H1	蜡熟期	堆贮	6月14日	无
23	宁夏	DX1	蜡熟期	窖贮	6月19日	否
24	宁夏	LN1	乳熟期	窖贮	6月19日	否
25	山东	A2	蜡熟期	窖贮	6月19日	是
26	山东	NF4	蜡熟期	窖贮	6月20日	是
27	山东	NX3	蜡熟期	窖贮	6月22日	是
28	河北	LY1	蜡熟期	窖贮	6月14日	是
29	河北	LY2	蜡熟期	窖贮	6月14日	无
30	河北	LY3	蜡熟期	窖贮	6月15日	无
31	上海	SG1	蜡熟期	窖贮	6月19日	无
32	上海	SG2	蜡熟期	窖贮	6月19日	无
33	上海	SG3	蜡熟期	窖贮	6月21日	无
34	安徽	NX4	蜡熟期	堆贮	6月19日	无

2. 样品采集及处理

每个牧场随机选择一个青贮窖，从顶部中心线上选择 3 个采样点，采样点相距大于 2m，采集深度为 0~30cm 和 30~60cm。将各个采集点的样品混匀，采用四分法缩样至 500g。

将采集样品置于 56℃ 干燥箱中烘至恒重，然后用 Retsch-SM200 型粉碎机粉碎过 2mm 筛，再用 Foss-Cyclotec 1093 型粉碎机细粉，过 1mm 筛，样品装自封袋用于近红外检测。

3. 检测方法及指标

粉碎后样品送美国 Dairyland 粗饲料分析实验室进行近红外光谱分析，检测指标：干物质（DM）、粗蛋白（CP）、中性洗涤纤维（NDF）、酸性洗涤纤维（ADF）、30h 中性洗涤纤维消化率（NDFD30）、灰分（Ash）、钙（Ca）、磷（P）、淀粉（Starch）、pH 值、乳酸（Lactic）、乙酸（Acetic）、乳酸乙酸比（L∶A）。

4. 数据统计

试验数据先用 Microsoft Excel 2003 初步整理，然后用 SAS 9.4 进行

ANOVA 模型进行单因素分析，多重比较。差异显著水平为 $P<0.05$，差异极显著水平为 $P<0.01$。

二、玉米青贮营养成分分析

1. 不同地区全株玉米青贮营养成分比较

由表 6-2 可知，不同地区全株玉米青贮营养成分中 DM（$P=0.05$）、ADF（$P=0.06$）、pH 值（$P=0.06$）呈现显著性差异的趋势；其中宁夏地区 DM 高于其他地区，内蒙古、上海地区 ADF 低于其他地区。青贮营养成分中 CP（$P<0.01$）、NDFD30（$P<0.01$）、Ash（$P<0.01$）、淀粉（$P<0.05$）含量有显著性差异；其中山东地区 CP 最高，内蒙古、宁夏、山东、上海地区 NDFD30 显著高于其他地区，山东、上海地区 Ash 显著低于其他地区，宁夏、山东、上海地区淀粉显著高于其他地区。

表 6-2　不同地区全株玉米青贮营养成分比较（DM 基础）

指标（%）	北京	天津	内蒙古	宁夏	山东	河北	上海	SEM	P
DM	28.94	32.40	31.56	35.21	30.78	30.42	29.32	0.50	0.05
CP	7.90b	7.68bc	7.96b	7.90b	8.86a	8.15b	7.07c	0.10	0.00
ADF	27.04	27.39	25.73	26.82	26.24	30.07	25.81	0.39	0.06
NDF	40.57	42.06	41.29	41.53	41.39	45.16	40.43	0.41	0.18
NDFD30	54.69b	56.30ab	57.90a	58.40a	56.85a	54.93b	57.56a	0.31	0.00
Ash	6.33ab	5.92bc	5.72bc	5.90bc	5.54c	6.74a	5.27c	0.09	0.00
Ca	0.27	0.24	0.26	0.26	0.30	0.28	0.22	0.01	0.18
P	0.25	0.25	0.24	0.24	0.27	0.25	0.24	0.01	0.14
Starch	30.60bc	31.48abc	32.51abc	33.31ab	33.80ab	27.67c	35.95a	0.57	0.04
pH	3.45	3.68	3.70	3.76	3.72	3.71	3.73	0.02	0.06
Lactic	3.24	3.80	3.76	3.91	4.66	3.76	3.64	0.14	0.53
Acetic	1.54	1.64	1.40	1.21	1.57	1.42	1.90	0.09	0.46
L:A	2.40	2.31	3.14	3.98	2.96	2.64	1.92	0.25	0.55

2. 不同牧场营养成分比较

由表 6-3 可知，不同牧场全株玉米青贮营养成分中 DM（$P=0.07$）、ADF（$P=0.09$）呈现显著性差异的趋势；其中 NM 牧场、A 牧场的 DM 高于其他牧场。而青贮营养成分中 NDFD30、Ash 差异极显著（$P<0.01$）；其中 NX 和 NR 牧场的 NDFD30 显著高于其他牧场，NX 和 NR 牧场的 Ash 显著低于其他牧场。

表 6-3　不同牧场全株玉米青贮营养成分比较（DM 基础）

指标 (%)	牧场										SEM	P
	SN	TJ	NX	NR	NK	NM	NF	A	LY	SG		
DM	28.94	32.40	30.47	31.24	28.86	33.26	32.98	33.44	30.42	29.32	0.43	0.07
CP	7.90	7.68	8.11	8.03	8.40	7.72	8.19	8.07	8.15	7.07	0.10	0.23
ADF	27.04	27.39	25.75	27.04	23.74	25.97	24.81	25.62	30.07	25.81	0.43	0.09
NDF	40.57	42.06	42.35	42.68	41.01	41.05	40.88	39.37	45.16	40.43	0.42	0.18
NDFD30	54.69c	56.3bc	58.70a	58.61a	57.85ab	57.65ab	54.42c	57.79ab	54.93c	57.56ab	0.32	0.00
Ash	6.33ab	5.92bcd	5.39d	5.27d	6.26abc	5.55cd	5.72bcd	5.87bcd	6.74a	5.76bcd	0.10	0.00
Ca	0.27	0.24	0.23	0.27	0.27	0.25	0.26	0.27	0.28	0.19	0.01	0.43
P	0.25	0.25	0.25	0.23	0.26	0.23	0.25	0.25	0.25	0.24	0.01	0.74
Starch	30.60	31.49	31.63	31.77	31.98	33.27	33.76	33.84	27.67	35.95	0.58	0.15
WSC	0.61	1.29	1.76	1.54	2.35	1.50	2.23	2.17	0.84	1.13	0.16	0.15
pH	3.45	3.68	3.68	3.71	3.65	3.69	3.75	3.73	3.71	3.73	0.02	0.31
Lactic	3.24	3.80	4.10	3.90	4.09	3.64	3.56	3.44	3.76	3.64	0.14	0.85
Acetic	1.54	1.64	1.31	1.45	1.19	1.26	1.27	1.26	1.42	1.90	0.10	0.61
L: A	2.40	2.31	3.12	2.67	3.47	2.89	2.81	3.72	2.64	1.92	0.22	0.97

三、全株玉米青贮中营养指标分析

玉米青贮中 DM、淀粉含量、NDF、NDFD 是衡量玉米营养品质的重要指标，这些指标与产奶量及产奶净能密切相关。其中，DM 是衡量玉米青贮营养浓度和营养价值的基础指标，在一定范围内 DM 含量越高，营养浓度越高，营养价值也越高；CP 含量变化可反映全株玉米在青贮过程中养分损失情况，CP 越高，青贮品质越好；淀粉容易被动物吸收利用，因此其含量越高表明饲料的营养价值也越高；NDF、NDFD 与日粮采食量及瘤胃饱腹感密切相关，NDF 含量与能量浓度成负相关，青贮中 NDF 含量过高可限制奶牛的采食量及其对青贮的能量利用效率，NDFD 越高，品质越好（韩英东等，2014）；ADF 含量与其有机物消化率呈负相关，青贮中 NDF 含量越高，品质越差（张吉鹃，2005）。在本试验结果中，整体来看，各牧场的青贮品质都很好，但不同地区、不同牧场之间比较有一定差异。从营养指标中看出，山东地区青贮品质最好，其 CP、NDFD30、淀粉、ADF 优于其他地区，其次是宁夏、上海、内蒙古地区，最后是天津、北京、河北地区；NX 和 NR 牧场的青贮品质最好，其 NDFD30、Ash 高于其他牧场，其次是 NK 牧场、A 牧场、NM 牧场、SG 牧场，最后是 BS 牧场、TJ 牧场、NF 牧场、LY 牧场，这也说明了我国规模化牧场青贮品质仍有很大改善空间。

青贮饲料品质是影响奶牛采食量和生产性能的重要因素，而发酵指标是衡量青贮饲料品质好坏的另一重要因素。其中，pH 值、乳酸、乙酸和丁酸可以反映青贮发酵过程及其青贮品质优劣，其中乳酸所占比例越高越好。有研究报道（Rooke，1995；Offer，1997），青贮中乳酸的含量与采食量密切相关，其中乳酸含量可以直接影响青贮饲料的适口性，并且在短期内乳酸对青贮 DM 采食量直接影响要大于长期影响。在本试验结果中，不同地区、不同牧场之间 pH 值、乳酸、乙酸和乳酸乙酸比差异均不显著，说明各地区、各牧场间发酵品质相差不大。

四、影响全株玉米青贮饲料品质差异的原因

玉米品种、环境因素、栽培技术是造成各地区和各牧场间青贮营养品质差异的重要因素。李德锋等（2013）通过对 10 种玉米品种的生物学产量、性状指数及品质进行比较分析，发现 DM 产量为 $10.7 \sim 17.4 \ t/hm^2$，籽粒产量为 $2.1 \sim 8.1 \ t/hm^2$，NDF 含量为 35.2% ~ 49.9%，ADF 含量为 13.2% ~ 23.4%，可见青贮品种不同，其产量和营养成分具有明显的差异。彭思娇等（2013）研究不同玉米品种的产量及青贮品质发现，玉米品种可显著影响干物质产量、含水量、氨态氮、乳酸、WSC、CP、NDF 和 ADF 含量。胡春花等（2015）研究不同种植密度、收获期和施肥水平对营养品质影响，结果表明随着种植密度增加，青贮玉米 CP 含量呈负相关，NDF、ADF 和脂肪含量呈正相关，另外，氮磷钾平衡施肥也可以显著提高青贮玉米产量，改善营养质量，从而提高饲用价值。在本试验中未涉及玉米品种、环境因素、栽培技术等因素，还需进一步分析。

收获时期和加工方式差异较大，制作出来的青贮也会有很大差异。不同的收获时期对全株玉米产量和青贮品质造成很大影响，收获时期过早则水分含量高，淀粉含量低，DM 积累未达到最大量，在青贮制作时易造成丁酸发酵和营养物质损失，影响青贮品质；收获时期过晚则导致水分降低，茎叶老化，秸秆木质化程度增高，消化率降低，从而影响玉米产量和青贮品质（李海燕等，2011），因此，合理的收获时期对全株玉米产量和青贮品质至关重要。大量研究报道，青贮玉米一般在吐丝后 20d 左右收割最好，即植物学上乳熟期至蜡熟期，此时含水量为 65%～70% 适宜青贮，且营养价值和生物学产量最高（李海燕等，2011；王爱荣等，2002）。余汝华（2007）等通过将玉米秸秆切碎和揉切后调制青贮发现，随着切割长度增加，乳酸含量和乳酸菌菌落数明显下降，pH 值显著升高，氨氮含量显著增加，当长度超过 3cm 时，青贮中能检测到丁酸，表明青贮发酵过程有丁酸菌发酵，而且玉米秸秆经过揉切后能显著提高有机酸含量。刘镜等报道，相对于玉米秸秆切碎处理而言，揉丝处理后更容易压实，空气含量少，易造成厌氧环境，有利于乳酸菌繁殖，减少好氧菌对原样营养物质的消耗，从而提高青贮品质。

从本试验结果来看，青贮品质以山东地区最优，其次是宁夏、上海、内蒙古地区，这些地区的 CP、NDFD30、淀粉、ADF 高于天津、北京、河北地区，并且整体质量具有较好的稳定性，一方面由于这些地区具有得天独厚的地理优势，另一方面也说明这些地区青贮玉米的种植已经达到规模化和产业化，保证了玉米青贮从品种、种植、栽培、收割和制作等方面的稳定性；各牧场青贮品质以序号为 9 的样品最好，其 NDFD30、Ash 高于其他牧场，这可能由于本次青贮样品均在规模化牧场采集，大牧场设备先进，制作工艺成熟，牧场使用微生物添加剂，易创造厌氧环境，促进乳酸菌繁殖，青贮发酵品质得到保证。

五、结　论

各地区、各牧场间全株玉米青贮的整体营养水平较好，但营养价值之间仍存在显著性差异，说明部分牧场青贮品质仍有很大改善空间。

第七章　存在问题及对策

立足我国现实的饲料资源，针对我国奶牛养殖面临生产效率和效益偏低的产业难题，根据奶牛养殖优势产区和不同养殖模式的技术需求，以及共性关键技术和区域技术需求特点，通过集成奶牛饲料营养与饲养、繁育管理、疾病防治和生鲜乳质量安全控制等方面已有成熟技术，从而通过构建以奶牛养殖从投入品到产出品的关键控制点为主线的提质增效技术模式并在示范点示范应用，对于促进我国奶牛养殖业的健康发展具有一定的指导意义。

一、优质粗饲料高效生产利用技术

粗饲料是奶牛日粮的重要组成部分，对维持奶牛瘤胃和机体健康，以及改善牛奶品质具有重要作用。粗饲料资源短缺和质量低是限制我国奶牛养殖水平的重要营养因素，全株玉米青贮、苜蓿青贮是奶牛生产中优质的粗饲料来源，具有适口性强和可利用率高的特点，通过集成从收获、加工、贮存和利用为一体的优质粗饲料制作技术，主要包括全株玉米青贮、苜蓿青贮收贮调制技术（适时刈割、青贮添加剂应用、装填、压实和密封等）、全株玉米青贮、苜蓿青贮质量安全控制技术（质量评价与安全检测）和全株玉米青贮、苜蓿青贮高效饲用技术。能够提高奶牛的饲料利用率，降低饲料成本，同时对于改善奶牛瘤胃健康和乳品质方面具有积极作用。

二、优质原料奶生产与质量安全控制技术

主要包括全混合日粮精准配制技术、提高乳成分含量的营养调控技术、预防营养代谢病的营养调控技术、饲料霉菌毒素污染控制技术和降低牛奶体细胞数的规范化饲养管理技术，以解决饲料转化率低、奶牛瘤胃酸中毒

等代谢疾病发生率高、饲养成本高等问题，改善牛群健康、提高生鲜乳品质。

三、规模化牧场高效繁殖技术

主要包括集成应用诱导发情技术、同期发情—定时输精技术、早孕诊断技术、奶牛发情观察辅助技术，提高奶牛发情率、受胎率、产犊率，提高犊牛成活率，减少奶牛繁殖疾病发生率，延长奶牛利用年限。

四、规模化奶牛场云数据集成与信息化技术

主要包括集成应用"互联网+"云数据技术等信息技术，集饲喂管控系统、奶牛繁殖管理系统和奶厅管控系统，实时采集分析奶牛饲料采食、生产数据和繁殖性能等数据，实现牧场实时监控、远程控制、在线管理，提高牧场精准饲喂与高效管理，提高工作效率。

五、奶牛场粪污循环利用与种养一体化模式

通过固液分离技术集成应用，将所得的固体作为有机肥料，液体部分循环利用后用于冲洗牛舍等，不能利用的废水发酵后作为液体有机肥还田，建立肥水一体化灌溉的生态循环可持续发展农业模式，提高生物利用率、减少污染、种养结合、提高种植业、养殖经济效益，促进示范区生态农业和循环农业的发展。

参考文献

包万华，王加启，卜登攀，等. 2013. 稀释率对新型固液气分流式瘤胃模拟系统发酵效果的影响 [J]. 动物营养学报，25（7）：1 534-1 540.

陈海燕，卜登攀，李发弟，等. 2014. 日粮类型对泌乳中期奶牛血液脂肪酸及生化指标的影响 [J]. 甘肃农业大学学报，49（1）：8-14.

陈静廷，卜登攀，马露，等. 2013. 不同乳源牛乳中免疫球蛋白和乳铁蛋白的比较研究 [J]. 华北农学报，28（S）：298-302.

陈静廷，卜登攀，马露，等. 2014. 不同等电点沉淀法和超速离心法提取牛奶乳清蛋白的双向电泳分析 [J]. 食品科学，35（20）：180-184.

陈静廷，马露，杨晋辉，等. 2013. 差异蛋白质组学在乳蛋白研究中的应用进展 [J]. 动物营养学报，25（8）：1 683-1 688.

陈青，王洪荣，葛汝方，等. 2015. 饲粮物理有效中性洗涤纤维水平对8~10月龄奶牛瘤胃发酵参数和纤维降解菌的影响 [J]. 动物营养学，27（4）：1 243-1 251.

付聪，王洪荣，王梦芝，等. 2014.，不同代谢葡萄糖水平饲粮对8~10月龄后备奶牛生长发育、营养物质消化率和血液生化指标的影响 [J]. 动物营养学报，26（9）：2 615-2 622.

高胜涛，郭江，权素玉，等. 2016. 热应激通过诱导奶牛乳腺细胞凋亡减少乳蛋白 [J]. 动物营养学报，28（5）：1 615-1 625.

葛汝方，陈青，霍永久，等. 2015. 不同代谢蛋白质水平饲粮对8~10月龄后备奶牛生长发育、血液生化指标和体况评分的影响 [J]. 动物营养学，27（3）：910-917.

郭江，高胜涛，权素玉，等. 2016. miRNAs 对热应激畜禽调控的分子机制 ［J］. 动物营养学报，28（3）：652-658.

郭江，王加启，高胜涛，等. 2016. 热应激条件下粗饲料组合对奶牛氮素利用的影响 ［J］. 动物营养学报，28（6）：1 696-1 703.

韩英东，熊本海，潘晓花等. 2014. 全株青贮玉米的营养价值评价——以北京地区为例 ［J］. 饲料工业，35（7）：15-19.

胡春花，张吉贞，孟卫东等. 2015. 不同栽培措施对青贮玉米产量和营养品质的影响 ［J］. 热带作物学报，36（5）：847-853.

金恩望，卜登攀，王加启，等. 2013. 利用双外流持续发酵系统研究植物精油对瘤胃发酵和甲烷生成的影响 ［J］. 动物营养学报，25（10）：1-12.

金恩望，王加启，卜登攀，等. 2013. 利用体外产气法研究植物精油对瘤胃体外发酵和甲烷生成的影响 ［J］. 中国农业大学学报，18（3）：120-127.

李德锋，姜义宝，付楠，等. 2013. 青贮玉米品种比较试验 ［J］. 草地学报，21（3）：612-617.

李飞，徐明，曹阳春，等. 2014. Meta 分析方法优化泌乳奶牛日粮碳水化合物平衡指数. 畜牧兽医学报，45（9）：1 457-1 466.

李海燕，魏建民，安小虎等. 2011. 青贮玉米的发展现状及栽培技术 ［J］. 畜牧与饲料科学，32（6）：27-43.

李吉楠，孙鹏，覃春富，等. 2013. 体况评分在奶牛饲养管理上应用的研究进展 ［J］. 中国畜牧兽医，40（10）：115-119.

李吉楠，孙鹏，赵圣国，等. 2015. 四株纳豆枯草芽孢杆菌的分离筛选与鉴定及其对瘤胃发酵的影响 ［J］. 甘肃农业大学学报，50（1）：5-13.

李生祥，曹阳春，孙菲菲，等. 2014. 过瘤胃胆碱在围产期奶牛的应用 ［J］. 饲料工业（S1）：18-22.

李文清，南雪梅，卜登攀. 2014. 奶牛乳腺发育和泌乳相关的

microRNA [J]. 动物营养学报, 26(1): 1-6.

李文清, 王加启, 南雪梅, 等. 2014. bta-microRNA-145 对胰岛素样生长因子 1 受体-磷脂酰肌醇 3 激酶-蛋白激酶 B/哺乳动物雷帕霉素靶蛋白信号通路相关基因表达的影响及其潜在靶标的揭示 [J]. 动物营养学报, 26(9): 2 736-2 744.

李文清, 王加启, 南雪梅, 等. 2014. 奶牛乳腺上皮细胞的不同培养方法比较及激素和细胞因子对 β-酪蛋白 mRNA 表达的诱导 [J]. 动物营养学报, 26(9): 2 607-2 614.

李新乐, 穆怀彬, 侯向阳, 等. 2014. 水、磷对紫花苜蓿产量及水肥利用效率的影响 [J]. 植物营养与肥料学报, 20(5): 1 161-1 167.

刘婵娟, 赵向辉, 曹阳春, 等. 2014. CPM-Dairy 奶牛饲料配方软件简介及其应用 [J]. 饲料工业, 17: 022.

刘婵娟, 赵向辉, 李朝云, 等. 2014. 日粮非纤维性碳水化合物来源对体外瘤胃发酵和养分利用的影响 [J]. 西北农林科技大学学报: 自然科学版, 42(3): 28-33.

刘婵娟, 赵向辉, 徐明, 等. 2013. 基于 CPM-Dairy 的几种我国常用奶牛饲料原料聚类分析 [J]. 动物营养学报, 25(10): 2 325-2 336.

刘辉, 卜登攀, 吕中旺, 等. 2015. 凋萎和不同添加剂对紫花苜蓿青贮品质的影响 [J]. 草业学报, 24(5): 126-133.

刘建新, 李珊珊, 张彬, 等. 2014. 改善奶牛氮磷利用效率的营养策略 [J]. 动物营养学报, 26(10): 3 129-3 134.

刘南南, 姚军虎. 2013. 营养素和激素对乳蛋白合成过程中哺乳动物雷帕霉素靶蛋白信号通路调节作用的研究进展 [J]. 动物营养学报, 25(6): 1 158-1 163.

刘烨, 刘凯, 徐明, 等. 2013. 十二指肠灌注亮氨酸对奶牛胰腺淀粉酶分泌的影响 [J]. 动物营养学报, 25(8): 1 785-1 790.

马露, 卜登攀, 高胜涛, 等. 2015. 热应激影响奶牛乳腺酪蛋白合成的机制 [J]. 动物营养学报, 27(11): 3 319-3 325.

马星光, 李胜利, 孙海洲. 2014. 蒸汽压片玉米和颗粒玉米及其 TMR

日粮体外产气和发酵参数的测定［J］. 畜牧与饲料科学, 35（5）：34-36.

牛俊丽, 王加启, 马露, 等. 2016. 体外法研究丝兰皂苷对瘤胃发酵参数的影响［J］. 家畜生态学报, 37（2）：34-39.

潘龙, 卜登攀, 王加启, 等. 2015. 柴胡中草药对奶牛瘤胃菌群多样性及纤维分解菌的影响. 草业学报, 24（3）：219-225.

彭思姣, 董召荣, 李友强, 等. 2013. 不同饲用玉米品种产量及青贮品质比较分析［J］. 中国农学通报, 29（20）：17-20.

权素玉, 张源淑, 卜登攀. 2016. 热应激造成奶牛乳腺上皮细胞损伤并影响乳合成相关载体的基因表达［J］. 畜牧兽医学报, 47（8）：1 704-1 713.

任春燕, 卜登攀, 王加启, 等. 2014. 脱毒蓖麻粕对奶牛瘤胃发酵和营养物质消化的影响［J］. 甘肃农业大学学报, 49（1）：15-20.

史浩亭, 王加启, 卜登攀, 等. 2015. 苏子油对瘤胃体外发酵模式、脂肪酸组成及甲烷生成的影响［J］. 甘肃农业大学学报, 50（3）：23-28.

宋良荣, 薛白, 闫方权, 等. 2014. 饲粮代谢葡萄糖水平对热应激奶牛生产性能和生理指标的影响［J］. 动物营养学报, 26（6）：1 477-1 485.

孙菲菲, 曹阳春, 李生祥, 等. 2014. 胆碱对奶牛围产期代谢的调控. 动物营养学报, 26（1）：26-33.

孙菲菲, 曹阳春, 姚军虎. 2013. 奶牛围产期葡萄糖营养平衡及其调控研究进展［J］. 饲料工业, 34（15）：46-50.

孙先枝, 程建波, 卜登攀, 等. 2013. 黄芩苷的生物学功能和黄芩及其提取物在畜禽生产中的应用研究进展［J］. 动物营养学报, 25（7）：1 459-1 464.

王爱荣. 2002. 青贮玉米的发展现状及栽培技术［J］. 现代农业科技, 8（22）：241-242.

王超, 齐智利, 董淑慧, 等. 2013. 甜菜渣在奶牛生产应用中的研究进

展 [J]. 中国奶牛, 13: 6-9.

王芳, 徐元君, 牛俊丽, 等. 2016. 体外产气法评价反刍动物饲料营养价值的研究 [J]. 中国畜牧兽医, 43(1): 76-83.

王洪荣. 2014, 反刍动物瘤胃酸中毒机制解析及其营养调控措施 [J]. 动物营养学报, 26(10): 3 140-3 148.

王剑飞, 王梦芝, 冯春燕, 等. 2015. 过瘤胃蛋氨酸对奶牛瘤胃体外发酵及泌乳奶牛生产性能的影响 [J]. 动物营养学报, 27(7): 2 248-2 255.

王坤, 赵圃毅, 刘威, 等. 2016. 氯化铵对泌乳奶牛瘤胃发酵特性及营养物质表观消化率影响 [J]. 东北农业大学学报, 47(7): 70-75.

王坤, 赵圃毅, 刘威, 等. 2016. 氯化铵对泌乳奶牛生产性能及血尿代谢的影响 [J]. 动物营养学报, 28(5): 1 394-1 401.

王梦芝, 喻礼怀, 王洪荣, 等. 2013. 4 种不同油脂对瘤胃微生物营养成分的影响 [J]. 中国畜牧杂志, 49(13): 55-58.

王荣, 邓近平, 王敏, 等. 2015. 基于 IPCC Tierl 层级分析中国反刍家畜胃肠道甲烷排放格局变化 [J]. 生态学报, 35(21): 1-11.

王荣, 谭利伟, 王敏, 等. 2015. 硝酸钠和 2-溴乙烷磺酸钠对山羊体外瘤胃发酵甲烷、氢气和挥发性脂肪酸生成的影响 [J]. 动物营养学报, 27(5): 1 586-1 595.

王荣, 颜志成, 王玉诗, 等. 2015. 大黄和大黄素对体外瘤胃发酵甲烷、氢气和挥发性脂肪酸生成的影响 [J]. 动物营养学报, 27(3): 853-862.

王荣, 杨玲媛, 王敏, 等. 2014. 基于挥发性脂肪酸化学计量模型体外预测山羊瘤胃甲烷产量的精度 [J]. 应用生态学报, 25(5): 1 518-1 524.

翁秀秀, 张养东, 李发弟, 等. 2013. 不同类型饲粮饲喂下奶牛瘤胃壁乳头的光镜和透射电镜观察 [J]. 动物营养学报, 25(9): 1-6.

徐元君, 刘士杰, 赵勐, 等. 2015. 新疆几种奶牛非常规饲料的营养价值比较［J］. 甘肃农业大学学报，50（1）：14-18.

闫方权，薛白，达勒措，等. 2015. 饲粮能量水平对热应激奶牛营养物质表观消化率及血液生化指标的影响［J］. 动物营养学报，27（1）：103-111.

杨晋辉，卜登攀，王加启，等. 2013. 近红外透反射光谱测定牛奶成分［J］. 食品科学，34（20）：153-156.

杨晋辉，张军民，卜登攀，等. 2013. 不同牛场春季和夏季牛奶中IgA/IgM和乳铁蛋白的调查［J］. 华中农业大学学报，32（3）：94-98.

姚军虎. 2013. 反刍动物碳水化合物高效利用的综合调控［J］. 饲料工业，34（17）：1-12.

姚军虎，曹阳春，蔡传江. 2015. 奶畜能量代谢调控机理与措施［J］. 饲料工业，36（17）：1-7.

姚军虎，李飞，李发弟，等. 2014. 反刍动物有效纤维评价体系及需要量［J］. 动物营养学报，26（10）：3 168-3 174.

余汝华，莫放，赵丽华等. 2007. 不同玉米品种青贮饲料营养成分比较分析［J］. 中国农学通报（8）：17-20.

张彬，杨金勇，韦子海，等. 2014. 后备奶牛磷减排的营养措施［J］. 动物营养学报，26（8）：2 046-2 050.

张吉鹍. 2005. 粗饲料分级指数参数的模型化及粗饲料科学搭配的组合效应研究［D］. 呼和浩特：内蒙古农业大学.

张娟霞，孙鹏，杨永新，等. 2013. 不同牛场泌乳早期奶牛春季和夏季牛奶氨基酸含量比较分析［J］. 中国畜牧兽医，40（4）：173-178.

张俊，赵圣国，王加启，等. 2015. 瘤胃细菌群落多样性研究中变性梯度凝胶电泳（DGGE）方法的优化［J］. 农业生物技术学报，23（6）：831-840.

张婷，张佩华，陈宇光，等. 2015. 我国北方不同饲养模式下奶牛饲粮对体外瘤胃发酵特性的影响［J］. 动物营养学报，27（7）：2 256-2 263.

张霞，孙海洲，李胜利，等. 2014. 饲用玉米中醇溶蛋白含量的测定 [J]. 中国奶牛，5：11-14.

张霞，孙海洲，李胜利，等. 2015，饲用玉米中淀粉含量测定方法的比较 [J]. 中国奶牛，6：12.

张晓庆，穆怀彬，侯向阳，等. 2013. 我国青贮玉米种植及其产量与品质状况研究 [J]. 畜牧与饲料科学，34(1)：54–57，59.

张玉诚，薛白，肖俊，等. 2015. 饲粮磷水平对热应激奶牛生产性能和血液指标的影响. 动物营养学报，27(3)：749-755.

张智慧，杨红建，任清长，等. 2013. 不同粗饲料组合全混合日粮对泌乳奶牛瘤胃液微生物蛋白浓度 24h 变化和小肠微生物蛋白流量的影响 [J]. 动物营养学报，25(9)：2 005-2 011.

赵勐，卜登攀，张养东，等. 2014. 奶牛乳脂降低综合征理论发展及其分子调节机制研究进展 [J]. 动物营养学报，26(2)：287-294.

赵勐，王加启，朱丹，等. 2015. 饲粮碳水化合物组成对奶牛氮利用率的影响 [J]. 动物营养学报，27(8)：2 405-2 413.

赵向辉，刘婵娟，刘烨，等. 2012. 日粮可降解蛋白与非纤维性碳水化合物对人工瘤胃发酵，微生物合成以及纤维分解菌菌群的影响 [J]. 中国农业科学，45(22)：4 668-4 677.

赵小伟，王加启，卜登攀，等. 2013. 奶牛瘤胃 pH 不同测定方法的比较研究 [J]. 中国畜牧兽医，40(11)：213-216.

朱丹，张佩华，赵勐，等. 2015. 不同 NDF 与淀粉比例饲粮在奶牛瘤胃的降解特性. 草业科学，32(12)：2 122-2 130.

朱丹，张佩华，赵勐，等. 2015. 不同中性洗涤纤维与淀粉比例饲粮对体外瘤胃发酵的影响 [J]. 动物营养学报，27(8)：2 580-2 588.

邹瑶，汤少勋，谭支良，等. 2013. 纤维素酶来源对粗饲料体外发酵特性及甲烷产量的影响 [J]. 农业现代化研究，34(2)：239-243.

Bu D P, Ma L, Nan X M, et al. 2014. Identification of microRNA in fresh milk of cow and goat [EB/OL]. J. Anim. Sci. Vol. 92, Suppl. s3/J. Dairy Sci. Vol. 97, Suppl., 97：512.

Bu D P, Nan X M, Wang F, et al. 2015. Identification and characterization of microRNA sequences from bovine mammary epithelial cells [J]. Journal of Dairy Science, 98 (3): 1696-1705.

Bu D, Li S, Yu Z, et al. 2016. Effect of dietary energy source and level on rumen bacteria community in lactating dairy cows [EB/OL]. J. Anim. Sci Vol. 94, E-Suppl. 5/J. Dairy Sci. Vol. 99, E-Suppl., 1: 774-775.

Cao Y C, Gao Y, Xu M, et al. 2013. Effect of ADL to aNDF ratio and ryegrass particle length on chewing, ruminal fermentation, and in situ degradability in goats [J]. Animal Feed Science and Technology, 186 (1): 112-119.

Chai Y G, Nan X M, Bu D P, et al. 2014. Stearic acid alters microRNA profiles in bovine mammary gland epithelial cells [EB/OL]. J. Anim. Sci. Vol. 92, Suppl. s3/J. Dairy Sci. Vol. 97, Suppl., 97: 609.

Chen J T, Ma L, Bu D P, et al. 2014. Effect of extraction methods on the 2-DE map of whey proteome in cow milk [EB/OL]. J. Anim. Sci. Vol. 92, Suppl. s3/J. Dairy Sci. Vol. 97, Suppl., 97: 635.

Chen J T, Ma L, Bu D P, et al. 2014. Effect of thermal conditions on the concentration of biological active whey protein in cow milk [EB/OL]. J. Anim. Sci. Vol. 92, Suppl. s3/J. Dairy Sci. Vol. 97, Suppl., 97: 635.

Chen J T, Ma L, Wang J Q, et al. 2014. Comparative analysis of immunoglobulin and lactoferrin in bovine milk from different species [EB/OL]. J. Anim. Sci. Vol. 92, Suppl. s3/J. Dairy Sci. Vol. 97, Suppl., 97: 634.

Dong S Z, Arash A, Zou Y, et al. 2016. Effects of sequence of nylon bags rumen incubation on kinetics of degradation in some commonly used feedstuffs in dairy rations [J]. Journal of Integrative Agriculture, 15 (0): 60345-7.

Du S, Xu M, Yao J H. 2016. Relationship between fiber degradation kinetics and chemical composition of forages and by-products in ruminants [J]. Journal of Applied Animal Research, 44 (1): 189-193.

Du S, Xu M. Yao J H. 2016. Relationship between fiber degradation kinetics and chemical composition of forages and byproducts in ruminants [J]. Journal of Applied Animal Research, 44 (1): 189-193.

Gao S, Guo J, Quan S, et al. 2016. The effects of heat stress on protein metabolism in lactating Holstein cows [EB/OL]. J. Anim. Sci Vol. 94, E-Suppl. 5/J. Dairy Sci. Vol. 99, E-Suppl., 1: 719.

Jin D, Wang J Q, Bu D P, et al. 2015. Changes of the rumen microbial profiles as affected by urea and acetohydroxamic acid addition [EB/OL]. J. Anim. Sci. Vol. 93, Suppl. s3/J. Dairy Sci. Vol. 98, Suppl., 12: 767-768.

LiC Y, Cao Y C, Li S Z, et al. 2013. Effects of Exogenous Fibrolytic Enzyme on in vitro Ruminal Fermentation and Microbial Populations of Substrates with Different Forage to Concentrate Ratios [J]. Journal of Animal and Veterinary Advances, 12 (10): 1000-1006.

Li C Y, Zhao X H, Cao Y C, et al. 2013. Effects of Chitosan on in vitro Ruminal Fermentation in Diets with Different Forage to Concentrate Ratios [J]. Journal of Animal and Veterinary Advances, 12 (7): 839-845.

Li F, Cao Y C, Liu N N, et al. 2014. Subacute ruminal acidosis challenge changed in situ degradability of feedstuffs in dairy goats [J]. Journal of Dairy Science, 97 (8): 5101-5109.

Li F, Li Z J, Li S X, et al. 2014. Effect of dietary physically effective fiber on ruminal fermentation and the fatty acid profile of milk in dairy goats [J]. Journal of Dairy Science, 97 (4): 2281-2290.

Li F, Yang X J, Cao Y C, et al. 2015. Effects of dietary effective fiber to rumen degradable starch ratios on the risk of sub-acute ruminal acidosis and rumen content fatty acids composition in dairy goat [J]. Animal Feed Science and Technology, 189: 54-62.

Li J, Bu D P, Wang J Q, et al. 2014. Effects of different doses of Bacillus subtilis Natto on in vitro rumen fermentation parameters [EB/OL]. J.

Anim. Sci. Vol. 92, Suppl. s3/J. Dairy Sci. Vol. 97, Suppl., 97: 858.

Li J, Wang J Q, Sun P, et al. 2014. Effects of four ruminant feed additives on in vitro ruminal fermentation kinetic gas production and degradability [EB/OL]. J. Anim. Sci. Vol. 92, Suppl. s3/J. Dairy Sci. Vol. 97, Suppl., 97: 785.

Li J, Wang J Q, Sun P, et al. 2014. Effects of rare earth-chitosan chelate on liver and kidney parameters in lactating dairy cows [EB/OL]. J. Anim. Sci. Vol. 92, Suppl. s3/J. Dairy Sci. Vol. 97, Suppl., 97: 884.

Li W Q, Bu D P, Wang J Q, et al. 2013. Effect of two different diets on liver gene expression associated with glucose metabolism in dairy cows [J]. Livestock science, 158: 223-229.

Li W Q, Bu D P, Wang J Q, et al. 2014. Effect of bta-miR-145 overexpression and down-expression on the other microRNA expression in primary bovine mammary epithelial cells [EB/OL]. J. Anim. Sci. Vol. 92, Suppl. s3/J. Dairy Sci. Vol. 97, Suppl., 97: 608.

Li W Q, Wang J Q, Bu D P, et al. 2014. Effect of different hormones on α-casein and lactoferrin expression in mammary epithelial cells [EB/OL]. J. Anim. Sci. Vol. 92, Suppl. s3/J. Dairy Sci. Vol. 97, Suppl., 97: 608.

Li X L, Hou X Y, Ren W B, et al. 2016. Long-term effects of mowing on plasticity and allometry of Leymuschinensis in a temperate semi-arid grassland China [J]. Journal of Arid Land, 8 (6): 899-909.

Li X L, Wu Z N, Liu Z Y, et al. 2015. Contrasting effects of long-term grazing and clipping on plant morphological plasticity: evidence from a rhizomatous grass [J]. Plos One, 10 (10): e0141055.

Lian S, Guo J R, Nan X M, et al. 2016. MicroRNA Bta-miR-181a regulates the biosynthesis of bovine milk fat by targeting ACSL1 [J]. Journal of Dairy Science, 99 (5): 3916-3924.

Lian S, Nan X M, Bu D P, et al. 2015. miR-181a and miR-194 can regulate the biosynthesis of milk fat and protein by targeting ACSL1 and

STAT5a［EB/OL］. J. Anim. Sci. Vol. 93, Suppl. s3/J. Dairy Sci. Vol. 98, Suppl., 3: 61.

Liu H, Wang J Q, Bu D P, et al. 2015. Effects of wilting and additives on fermentation quality of alfalfa (Medicago sativa L.) silage［EB/OL］. J. Anim. Sci. Vol. 93, Suppl. s3/J. Dairy Sci. Vol. 98, Suppl., 8: 766.

Liu K, Liu Y, Liu S M, et al. 2015. Relationships between leucine and the pancreatic exocrine function for improving starch digestibility in ruminants ［J］. Journal of Dairy Science, 98 (4): 2576-2582.

Ma L, Bu D P, Chen J T, et al. 2014. Comparison of odd and branched chain fatty acids profiles of cow, yak, buffalo, Jersey cattle, goat, camel and horse milk fat［EB/OL］. J. Anim. Sci. Vol. 92, Suppl. s3/J. Dairy Sci. Vol. 97, Suppl., 97: 512.

Ma L, Bu D P, Chen J T, et al. 2014. Detection and comparison of major and trace elements from different species milk by inductively coupled plasma-mass spectrometry ［EB/OL］. J. Anim. Sci. Vol. 92, Suppl. s3/J. Dairy Sci. Vol. 97, Suppl., 97: 512.

Ma L, Bu D P, Wang J Q, et al. 2014. Separation and quantification of major milk proteins in different species by reversed phase high performance liquid chromatography ［EB/OL］. J. Anim. Sci. Vol. 92, Suppl. s3/J. Dairy Sci. Vol. 97, Suppl., 97: 634.

Ma L, Bu D P, Yang Y X, et al. 2015. iTRAQ Quantitative Analysis of Plasma Proteome Changes of Cow from Pregnancy to Lactation ［J］. Journal of Integrative Agriculture, 14 (7): 1407-1413.

Ma L, Yang Y X, Chen J T, et al. 2016. A rapid analytical method of major milk proteins by a reversed phase high-performance liquid chromatography ［J］. Animal science journal, 88 (10): 1623-1628

Ma L, Zhao M, Xu J, et al. 2016. Effects of dietary neutral detergent fiber and starch ratio on rumen epithelial cell morphological structure and gene expression in dairy cows ［EB/OL］. J. Anim. Sci Vol. 94, E-Suppl. 5/J.

Dairy Sci. Vol. 99, E-Suppl., 1: 788.

Ma L, Zhao M, Zhao L S, et al. 2016. Effects of dietary neutral detergent fiber and starch ratio on rumen epithelial cell morphological structure and gene expression in dairy cows [J]. Journal of dairy science, 110 (5): 3705-3712.

Nan X M, Bu D P, Li X Y, et al. 2014. Ratio of lysine to methionine alters expression of genes involved in milk protein transcription and translation and mTOR phosphorylation in bovine mammary cells [J]. Physiol Genomics, 46 (7): 268-275.

Niu J L, Ma L, Li J N, et al. 2015. Effects of Yucca schidigera extract on Rumen Fermentation Parameters in vitro [EB/OL]. J. Anim. Sci. Vol. 93, Suppl. s3/J. Dairy Sci. Vol. 98, Suppl., 9: 766-767.

Niu J L, Ma L, Pan L, et al. 2015. Influence of Indian odd fruit oil and combination with yucca saponin or rubber seed oil on in vitro rumen fermentation parameters [EB/OL]. J. Anim. Sci. Vol. 93, Suppl. s3/J. Dairy Sci. Vol. 98, Suppl., 10: 767.

Niu J L, Ma L, Wang J Q, et al. 2015. Influence of rubber seed oil on in vitro rumen fermentation parameters, fatty acid composition and methane production [EB/OL]. J. Anim. Sci. Vol. 93, Suppl. s3/J. Dairy Sci. Vol. 98, Suppl., 11: 767.

Offer N W. 1997. A comparison of the effects on voluntary intake by sheep of dietary addition of either silage juices or lactic acid solutions of the same neutralizing value [J]. Animal Science, 64 (2): 331-337.

Pan L, Bu D P, Wang J Q, et al. 2014. Effect of Radix Bupleuri herbal supplementation on diversity of the bacterial community and cellulolytic bacteria in the rumen of lactating dairy cows analyzed by DGGE and RT-PCR [EB/OL]. J. Anim. Sci. Vol. 92, Suppl. s3/J. Dairy Sci. Vol. 97, Suppl., 97: 812

Pan L, Bu D P, Wang J Q, et al. 2014. Effect of Saikosaponin on rumen gas production, volatile fatty acid concentrations and microbial populations in vitro [EB/OL]. J. Anim. Sci. Vol. 92, Suppl. s3/J. Dairy Sci. Vol. 97, Suppl., 97: 852.

Pan L, Bu D P, Wang J Q, et al. 2014. Effects of Radix Bupleuri extract supplementation on lactation performance and rumen fermentation in heat-stressed lactating Holstein cows [J]. Animal Feed Science and Technology, 187: 1-8.

Pang D G, Yang H J, Cao B B, et al. 2014. The beneficial effect of Enterococcus faecium on the in vitro ruminal fermentation rate and extent of three typical total mixed rations in northern China [J]. Livestock Science, 167: 154-160.

Pi Y, Gao S T, Ma L, et al. 2016. Effectiveness of rubber seed oil and flaxseed oil to enhance the α-linolenic acid content in milk from dairy cows [J]. Journal of Dairy Science, 99 (7): 5719-5730.

Pi Y, Ma L, Zhu Y X, et al. 2015. Effect of rubber seed oil and flaxseed oil on milk performance, fatty acid composition and oxidative stability of milk fat [EB/OL]. J. Anim. Sci. Vol. 93, Suppl. s3/J. Dairy Sci. Vol. 98, Suppl., 6: 765.

Qin C, Sun P, Bu D P, et al. 2014. Comparison of duodenal nitrogen and amino acid flows in dairy cows fed a corn straw or mixed forage diet [EB/OL]. J. Anim. Sci. Vol. 92, Suppl. s3/J. Dairy Sci. Vol. 97, Suppl., 97: 754.

Qin C, Sun P, Bu D P, et al. 2014. Comparison of mammary amino acid utilization in dairy cows fed a corn straw or mixed forage diet [EB/OL]. J. Anim. Sci. Vol. 92, Suppl. s3/J. Dairy Sci. Vol. 97, Suppl., 97: 754.

Quan S, Bu D, Zhang Y, et al. 2016. Heat stress alters glucose homeostatis, hepatic heat shock proteins and the immune system in lactating dairy cows [EB/OL]. J. Anim. Sci Vol. 94, E-Suppl. 5/J. Dairy Sci. Vol. 99, E-Suppl., 1: 759-760

Rooke J A. 1995. The effect of increasing the acidity or osmolality of grass si-lage by the addition of free or partially neutralized lactic acid on silage in-take by sheep and upon osmolality and acid−base balance [J]. Animal Science, 61 (2): 285−292.

Sun F F, Cao Y C, Cai C J, et al. 2016. Regulation of nutritional metabolism in transition dairy cows: energy homeostasis and health in response to post−ruminal choline and methionine [J]. Plos One, 11 (8): e0160659.

Sun F F, Cao Y C, Yu C, et al. 2016. 1, 25−Dihydroxyvitamin D3 modulates calcium transport in goat mammary epithelial cells in a dose− and energy dependent manner [J]. Journal of Animal Science and Biotechnology, 7 (1): 41.

Sun P, Bu D P, Wang J Q, et al. 2013. Effects of different ratios of short−medium chain fatty acids to long chain fatty acids on rumen fermentation and metabolism of blood lipids in lactating dairy cows [J]. Journal of Ani-mal and Veterinary Advances, 12 (16): 1332−1337.

Sun P, Qin C, Bu D P, et al. 2014. Effects of feeding a corn straw or mixed forage diet on immune function in dairy cows [EB/OL]. J. Anim. Sci. Vol. 92, Suppl. s3/J. Dairy Sci. Vol. 97, Suppl., 97: 881.

Sun Y, Bu D P, Wang J Q, et al. 2013. Supplementing different ratios of short−and medium−chain fatty acids to long−chain fatty acids in dairy cows: Changes of milk fat production and milk fatty acids composition [J]. Journal of Dairy Science, 96 (4): 2366−2373.

Tang S X, Zou Y, Wang M, et al. 2013. Effects of Exogenous Cellulase Source on In Vitro Fermentation Characteristics and Methane Production of Crop Straws and Grasses [J]. Animal Nutrition and Feed Technology, 13: 489−505.

Wang C, Liu Z, Wang D M, et al. 2014. Effect of dietary phosphorus content on milk production and phosphorus excretion in dairy cows [J]. Journal of animal Science and biotechnology, 5 (1): 23.

Wang F X, Shao D F, Li S L, et al. 2016. Effects of stocking density on behavior, productivity, and comfort indices of lactating dairy cows [J]. Journal of dairy science99 (5): 3709-3717.

Wang F, Wang J Q, Bu D P, et al. 2015. Effects of different lysine/methionine pattern and glucose level on expression of the key genes involved in milk protein transcription and translation in bovine mammary epithelial cells [EB/OL]. J. Anim. Sci. Vol. 93, Suppl. s3/J. Dairy Sci. Vol. 98, Suppl., 2: 538.

Wang H R, Chen Q, Chen L M, et al. 2016. Effects of dietary physically effective neutral detergent fiber content on the feeding behavior, digestibility, and growth of 8 to 10 month old Holstein replacement heifers [J]. Journal of Dairy Science, 100: 1161-1169.

Wang H R, Pan X H, Wang C, et al. 2015. Effects of different dietary concentrate to forage ratio and thiamine supplementation o1n the rumen fermentation and ruminal bacterial community in dairy cows [J]. Animal production Science, 55 (2): 189-193.

Wang M Z, Ji Y, Wang C, et al. 2015. The preliminary study on the effects of growth hormone and insulin-like growth factor-I on κ-casein synthesis in bovine mammary epithelial cells in vitro [J]. Journal of Animal Physiology and Animal Nutrition, 100 (2): 251-255.

Wang M Z, Wang H R, Yu L H, et al. 2012. Effects of Different Oils on the Fatty Acid Profiles of Culture Medium and Ruminal Microorganisms in vitro [J]. Journal of Animal and Veterinary Advances, 11 (18): 3251-3257.

Wang P P, Jin D, Wang J Q, et al. 2014. Response of rumen fermentation to urease inhibitor using dual-flow rumen simulation system [EB/OL]. J. Anim. Sci. Vol. 92, Suppl. s3/J. Dairy Sci. Vol. 97, Suppl., 97: 784.

Wang P P, Wang J Q, Bu D P, et al. 2015. Acetohydroxamic acid did not influenced ruminal microbiota but altered urea metabolism [EB/OL]. J.

Anim. Sci. Vol. 93, Suppl. s3/J. Dairy Sci. Vol. 98, Suppl., 4: 764.

Wang X W, Wang J Q, Bu D P, et al. 2014. Changes of rumen methanogen diversity associated with different types of forage and protein in diets [EB/OL]. J. Anim. Sci. Vol. 92, Suppl. s3/J. Dairy Sci. Vol. 97, Suppl., 97: 854.

Wang Z, He Z X, Beauchemin K A, et al. 2016. Comparison of two live Bacillus species as feed additives for improving in vitro fermentation of cereal straws [J]. Animal Science Journal, 87 (1): 27-36.

Wang Z, He Z X, Beauchemin K A, et al. 2016. Evaluation of Different Yeast Species for Improving In vitro Fermentation of Cereal Straws [J]. Asian Australasian Journal of Animal Science, 29 (2): 230-240.

Xu Y J, Zhao M, Bu D P. 2014. Relationships between dry matter degradation, in vitro gas production and chemical composition of 15 feed stuffs [EB/OL]. J. Anim. Sci. Vol. 92, Suppl. s3/J. Dairy Sci. Vol. 97, Suppl., 97: 800.

Yan F Q, Xue B, Song L R, et al. 2016. Effect of dietary net energy concentration on dry matter intake and energy partition in cows in mid-lactation under heat stress [J]. Animal Science Journal, 87: 1352-1362.

Yan Q X, Tang S X, Tan Z L, et al. 2015. Proteomic Analysis of Isolated Plasma Membrane Fractions from the Mammary Gland in Lactating Cows [J]. Journal of Agricultural and Food Chemistry, 33 (63): 7388-7398.

Yu Z P, Xu M, Liu K, et al. 2014. Leucine markedly regulates pancreatic exocrine secretion in goats [J]. Journal of Animal Physiology and Animal Nutrition, 98 (1): 169-177.

Yu Z P, Xu M, Wang F, et al. 2014. Effect of duodenal infusion of leucine and phenylalanine on intestinal enzyme activities and starch digestibility in goats [J]. Livestock Science, 162: 134-140.

Zhang B, Wang C, Liu H, et al. 2016. Effects of dietary protein level on growth performance and nitrogen excretion of dairy heifers [J]. Asian-

Australasian Journal of animal sciences, 100: 251-255.

Zhang B, Wang C, Wei Z H, et al. 2016. The Effects of Dietary Phosphorus on the Growth Performance and Phosphorus Excretion of Dairy Heifers [J]. Asian- Australasian Journal of animal sciences, 29 (7): 960-964.

Zhang J, Bu D, Zhao S, et al. 2014. Changes of protozoal diversity in response to forage and protein of diets in the rumen of dairy cows [EB/OL]. J. Anim. Sci. Vol. 92, Suppl. s3/J. Dairy Sci. Vol. 97, Suppl., 97: 869.

Zhang J, Wang J Q, Bu D P, et al. 2015. Varying the degrees of synchrony of energy and nitrogen release in rumen affect the synthesis of microbial protein in continue culture system [EB/OL]. J. Anim. Sci. Vol. 93, Suppl. s3/J. Dairy Sci. Vol. 98, Suppl., 7: 765-766.

Zhao M, Bu D P, Wang J Q, et al. 2014. Effects of a corn straw or mixed forage diet on bovine milk fatty acid biosynthesis [EB/OL]. J. Anim. Sci. Vol. 92, Suppl. s3/J. Dairy Sci. Vol. 97, Suppl., 97: 882.

Zhao M, Bu D P, Wang J Q, et al. 2014. Effects of dietary protein composition on blood hormone levels in dairy cattle [EB/OL]. J. Anim. Sci. Vol. 92, Suppl. s3/J. Dairy Sci. Vol. 97, Suppl., 97: 907.

Zhao M, Bu D P, Wang J Q, et al. 2014. Effects of sampling position on blood hormone concentration in dairy cattle [EB/OL]. J. Anim. Sci. Vol. 92, Suppl. s3/J. Dairy Sci. Vol. 97, Suppl., 97: 907.

Zhao M, Bu D P, Wang J Q, et al. 2015. Milk Production and Composition Responds to Dietary Neutral Detergent Fiber and Starch Ratio in Dairy Cows [EB/OL]. J. Anim. Sci. Vol. 93, Suppl. s3/J. Dairy Sci. Vol. 98, Suppl., 13: 768.

Zhao M, Bu D P, Wang J Q, et al. 2016. Milk Production and Composition Responds to Dietary Neutral Detergent Fiber and Starch Ratio in Dairy Cows [J]. Animal Science Journal, 87 (6): 756-766.

Zhao S, Wang J and Bu D. 2014. Pyrosequencing - based profiling of bacterial 16S rRNA genes identifies the unique Proteobacteria attached to the rumen epithelium of bovines [EB/OL]. J. Anim. Sci. Vol. 92, Suppl. s3/J. Dairy Sci. Vol. 97, Suppl., 97: 869.

Zhao X H, Liu C J, Liu Y, et al. 2013. Effects of replacing dietary starch with neutral detergent – soluble fibre on ruminal fermentation, microbial synthesis and populations of ruminal cellulolytic bacteria using the rumen simulation technique (RUSITEC) [J]. Journal of Animal Physiology and Animal Nutrition, 97 (6): 1161-1169.

Zhou M M, Wu Y M, Liu H Y, et al. 2014. Effect of phenylalanine and threonine oligopeptides on milk protein synthesis in cultured bovine mammary epithelial cells [J]. Journal of Animal physiology and Animal Nutrition, 99 (2): 215-220.

Zhou X Q, Bu D P, Zhang Y D, et al. 2014. Effects of different dietary forage sources on milk performance 1and amino acid profile in early lactating dairy cows [EB/OL]. J. Anim. Sci. Vol. 92, Suppl. s3/J. Dairy Sci. Vol. 97, Suppl., 97: 780.

Zhou X Q, Bu D P, Zhang Y D, et al. 2014. Effects of different protein sources on milk performance and amino acid profile in early lactating dairy cows [EB/OL]. J. Anim. Sci. Vol. 92, Suppl. s3/J. Dairy Sci. Vol. 97, Suppl., 97: 758.

Zhou X Q, Bu D P, Zhang Y D, et al. 2014. Effects of replacing alfalfa hay and corn silage with corn straw in diets on main hormones in blood of dairy cows [EB/OL]. J. Anim. Sci. Vol. 92, Suppl. s3/J. Dairy Sci. Vol. 97, Suppl., 97: 886.

Zhou X Q, Wang J Q, Bu D P, et al. 2015. Effect of dietary energy source and level on nutrient digestibility, rumen microbial protein synthesis, and milk performance in lactating dairy cows [EB/OL]. J. Anim. Sci. Vol. 93, Suppl. s3/J. Dairy Sci. Vol. 98, Suppl., 5: 764-765.

Zhou X Q, Zhao M, Zhang Y D, et al. 2015. Effect of dietary energy source and level on nutrient digestibility, rumen microbial protein synthesis and milk performance in lactating dairy cows [J]. Journal of Dairy Science, 98 (10): 7209-7017.